發現 Vegan Diet
纯素
好味道【最新增訂版】

塘塘與早乙女 修夫婦傳授

118道「穀物蔬食」樂活飲食

推薦序 1——吃原味，找綠色食跡

「滿則給」、「施比受更有福」，這是我所認識的蘇老師和早乙女老師。因為愛吃，所以對食物充滿無限的想像，把興趣轉化與生活結合的工作能量，撰寫出不下二十本的料理製作食譜，無私地與消費者分享。

為了讓料理製作方式更原味與簡單易行，希望鼓勵每個爸爸媽媽為家庭盡一份心力，都能自己動手做菜，而出版了兼具美學與文化的書籍——《發現粗食好味道》，據我所知，這本書的發行，不但得到讀者廣大的迴響，更有許多人跟著書身體力行，學會自己種菜、採集野生食材，更了解如何吃健康素食、重視食物來源。不但幫助眾多讀者調理身體，並學會如何把料理食材的特性與健康充分結合，不再只是重視美味，更要重視吃的健康。

能與老師認識，是因為一位認識的媒體朋友知道我正在辦活動，且極力推動綠色永續概念，倡導有機栽培、食農教育、養生休閒，於是在偶然機會裡，送了這本書給我。閱讀以後，我非常感動，便常常邀請蘇老師來授課，與學員們分享料理製作的訣竅。

透過著作，蘇老師所要傳達的最主要理念，就是食材的取得方式。其實，在你我生活的周邊環境中，到處都有容易取得並且可以食用的野生食材。而料理食物的過程中，其實不使用油、牛奶及蛋，也可以製作出非常美味的料理。不但可以吃得有機，並能健康防癌。

透過老師的一字一句，不僅回味與傳承祖先取得食材的生活智慧，也喚起我自己小時候的記憶。童年時，因為家中經濟不寬裕，為了溫飽，還是孩子的我便常常在住家周邊採集昭和草、蘆薈、山茼蒿、明日葉等野菜。

反觀現代文明社會，黑心商人充斥，為了追求利潤，寧願販售添加塑化劑、三聚氰胺、混

充油等食品；為了賣相要好，寧願販售使用農藥殘留過高及動物用藥超標的食品，而衍生出一連串讓人心惶惶，捏一把冷汗的食品安全問題。

不肖的業者只講求食材能快速取得，只重視利潤與量化，完全忽視食品安全，並不斷地殘害社會及人體的健康。相較之下，老師極力倡導的「身土不二」、「天人合一」理念，猶如明燈，注入一股清流，傳達真正健康飲食的養生哲學。

老師如今再出版第二本以少油料理為理念的書，延續《發現粗食好味道》的精神，更考量到讀者取得野菜食材的不易（例如：紅牧草、明日葉、昭和草、山芹菜等），精心介紹各種常見且易取得的野菜及其使用方式，讓更多人可以從容進入粗食的世界。

透過老師的分享，這本書介紹了近百種的料理製作，更簡單易懂，且讀者可以輕易在市面上購買並取得食材。老師的用心是為了鼓勵每個家庭都能自己動手做，喜歡自己開火做菜，讓更多人學會並廣為推廣美味的粗食料理。

好的書，會時常讓你回味、溫故與珍藏，並不斷地翻閱，百看不厭。相信《發現純素好味道》除了可以讓我們百看不厭外，還能夠杜絕食品添加物對人體的傷害，更能讓你我吃原味、找食跡，成為促進健康、找到愛的食譜。這絕對是一本以愛為出發理念，結合祖先生活文化內涵智慧的書，是「心」與「食」結合的綠色食譜，期待與大家共同分享。

宜蘭縣農業處處長

康立和

推薦序 2

回家的極簡幸福美學

「飲食」向來維繫著一家大小的幸福與健康。然而，現代雙薪小家庭卻常因工作繁忙，被迫放棄了這最簡單的幸福美好！

雖說「孩子的保存期限只有十年」，但是「媽媽的味道」卻是珍藏一輩子的感動與回憶。近年來，持續引爆的食安危機，讓愈來愈多的父母選擇回歸自家廚房，學習烹調最安心的吃食。但是，自己烹調，往往遭遇食材種類與營養不夠多元、烹調方式不對，以及食物份量不足的問題。結果，用心、用力、用時間，卻不自覺地養成了家人的偏食與不良體質！

為了讓大家都能輕輕鬆鬆在家裡就烹調出色、香、味、營養俱全的三餐（外加點心零嘴），蔬食養生達人早乙女 修與蘇富家伉儷精益求精、推陳出新，繼廣受好評、迴響不斷的《發現粗食好味道》後，更上層樓，秉持一貫輕鬆上桌的極簡烹調風格，再揉合「飲食金字塔」所列之六大類食物，巧妙搭配，使六大類食材有了更豐富多重的組合與口感，讀者們只要按圖索

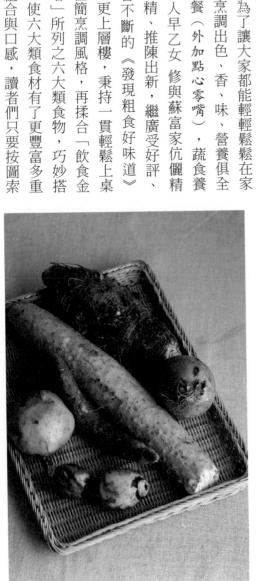

驥、依樣畫葫蘆，一年四季都能輕鬆變化出當地、當季、當令的美味、營養粗食料理。

因著節目，與兩位老師結緣的我，常有機會品嚐到第一手的美味料理，所以希望能趁著本文，稍稍為「粗食」給人的既定印象翻案。

「粗食」料理，因為受到少油、少鹽、平淡無味、膳食纖維口感粗糙的表相牽絆，往往難登精緻飲食殿堂。但兩位老師卻在「粗食」的人文質樸靈魂中注入巧思設計與細緻口感，使粗食料理難掩細緻光采，既展現「食不厭精，膾不厭細」的風華，更完整體現「舒、緩、雅、淨」令人驚艷的粗食全貌！

譬如，「堅果美乃滋」（第九十五頁），口感細緻滑潤、爽口不膩且帶著淡淡堅果香氣，搭配各類生菜或根莖瓜果，都能輕易收服最最刁鑽的肉嘴。又如，「杏鮑菇無奶白醬」（第九十八頁），不僅能為各式焗烤菜色增添風華，還能幻化成美味可樂餅。更神奇的是，每道巧妙運用食材天然滋味的料理，都兼顧了多元飲食的營養原則。

邀請您一起回歸，感受兼具恬淡雅淨感動以及藥食同源功效的「粗食好味道」。原來，美好幸福，回家就有！

彭瀞儀

飛碟聯播網北宜產業電台
「下班蘭陽有約」節目製作主持人

自序——樂在蔬食，用喜樂、感恩的心去體驗及分享

養生的食物，要吃起來好吃，才能夠讓人歡喜地持之以恆。

研究天然養生的食材並實驗出各種兼具美味、令人喜愛又享受的料理就是我們最幸福又快樂的工作。我們一直認為「食物的香氣」對家庭來說，是非常重要的幸福指標之一。在任何家庭裡，如果有人願意為家人奉獻、張羅食物，這真是莫大的祝福，也讓「家」成為一個充滿恩典的地方。

近年來，食安問題連環爆，人人都害怕踩到地雷，而我們為了健康，也不斷地調整家庭飲食，尤其年紀慢慢大了，年輕時暴飲暴食的習慣慢慢收斂，目前可說都已經戒除，連每日的三餐也減為兩餐，並已經維持了一段時間，但想要再減為一餐，就很難了。

我們夫妻倆的生活重心就是烹調料理與享受美食，可以說是活在食物之中。記得以前每次出國旅行都會先找出好吃的地方，才會再繼續安排其他行程，所以先生在結婚九年後，便從七十五公斤胖到一一〇公斤。

後來，偶遇一位韓籍的生機老師，經過指導，短短的一個月內就減掉了二十五公斤，身體的不適也豁然痊癒，老師說：「東西不要煮得太好吃，才不會吃過量」，但是，要煮得不好吃對我們來說，實在是太不容易了！

我們倆在餐桌上吃的食物都是相同的，不同的是餐桌之外，我先生喜歡喝咖啡，也喜歡吃甜點、零食，而我從小就沒有這樣的習慣。

多年來，先生經歷了數次復胖之後，我們除了注意不要太過飽食之外（這個習慣真不容易改），還不斷地研究「吃不胖」的料理，從一餐只有一盤無油料裡開始，到現在，已經可以常常吃無油料理了。雖然無油，我們還是習慣料理得很美味。

而先生最愛的咖啡，也常用炒香的有機糙米和決明子或其他各式各樣的茶飲來替代，所以，目前我們的體重一直穩定維持在理想的狀態，因為好習慣已經養成，應該不會再有發胖的情況了。

但是，這一路走來讓我們體會到，習慣的改變實在不是一件簡單的事情，我們將這些轉變的飲食經歷，藉由本書分享給有緣的朋友們。此外，最新增訂版主題是針對年歲增長之後，飲食方面也會有不同的需求，特別設計十道兼具健康方便又美味的食譜，我常作來吃，希望您也會喜歡。祝福每一個人都能夠樂在蔬食，永遠健康。

感謝二十多年前，中國廣播公司的節目製作主持人李劍虹小姐，提供了一個長達八年、推廣蔬食的平台，讓我們有機會一起做了一些很有意義的事情，也出版了多本的健康食譜。

也承蒙飛碟宜蘭產業電台的節目製作主持人彭滯儀小姐的抬愛，讓我們有機會與大眾分享日常的健康飲食經驗與精心研究的美食成果，讓更多有緣人了解我們的用心！

感謝原水出版社的文字編輯、美術編輯、行銷部門、攝影師等各單位的群策群力，讓本書得以順利出版，還有無數支持我們的讀者群，我們至感幸運，有這麼多天使的關愛和照顧，謹藉由本書致上我們無限的感恩之意，希望能夠有更多人加入蔬食的行列，讓身心更加健康、平和。

塘塘＆早乙女修

目錄

Part 1 塘塘&早乙女老師 樂享慢活的山居歲月

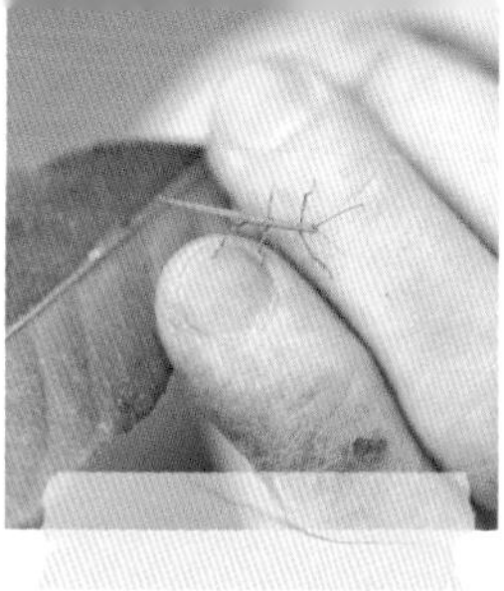

Part 2 塘塘&早乙女老師
分享幸福料理

Part 3 塘塘&早乙女老師

分享幸福蔬食

幸福醬料應用篇

暖暖高湯&麵食應用篇

三餐應用變化篇

輕食爽口的「涼拌菜」

嚴選時令好食材的「鮮漬菜」

粗食好味道的「家常菜」

一碗超滿足又營養的「麵&飯」

輕鬆做五星級的「宴客菜」

享受大地蔬食的「素好湯」

食養好味道的「健康飲」

超人氣中西風味的「點心」

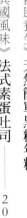

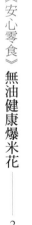

Part 1

塘塘&早乙女老師

樂享慢活的山居歲月

對於第一次的入山初體驗，社區大學的學生每個人都很開心。

在二〇一〇年《發現粗食好味道》一書出版之後，有許多讀者來信詢問我們的山居生活，對山上的一切充滿無限好奇，甚至想上山來一窺究竟，尤其是我在社區大學授課的學員們更是不停地要求，讓他們上山見識一番。

起初，我們認為上山的路不好走，需要四輪傳動車才方便上山，再者，我們住的地方是荒山野嶺，一切設備皆簡陋，實在不好意思接待任何訪客，所以一直未曾接待過任何人上山小住或遊覽。

直到去年，終於受不了社區大學的同學們的殷殷期盼，才破例讓大家上山一次，雖然事先言明山路不好走、山居生活一切從簡……，大家還是欣然答應配合，於是在二〇一四年，終於讓同學們有了第一次的入山初體驗。

當時，看到每個人臉上的滿足與讚嘆，我才理解到，原來大家想看的是真實、樸拙的原樣與原貌，沒有人在乎我們做了多少的美化。而我也了解到，自然自在、無拘無束和輕鬆的心態，就是很多人在追求的樂活人生，無須擔憂他人的觀感與理解。

擁抱藍天綠地的山居生活

我希望做的每件事都可以幫助這個世界，但是我只能在盡其所能之後，將一切交給上天來安排，相信我們的山是上帝的應許之地，也是生命最後的歸屬所在，是我們進入天國的最後轉運站，請別笑我！這一片山林真的是值得有生之年駐留之地。

在山上，我們的生活因為知足，而感覺富有，因為簡單，所以無比的幸福。

若要身心自由就需要一些要件，如身體健康、生活簡單、思想肯定、不依賴別人等。

山中歲月有一半是冬天

我們的山居小屋位於台灣東北部群山環抱的中海拔區域，每年從十一月到隔年的五月，幾乎有半年時間都籠罩在濕冷多雨的氣候下，因此我們總是想盡辦法改善山居生活的品質，讓自己感覺更舒適。

濕冷冬季的露台外，每天都要升火除濕，才能暖暖過寒冬。

在極濕、極冷的冬季裡，我們總是在屋前堆起火堆，高燃的火焰除了讓我們感覺滿滿的幸福與溫暖外，也讓三隻毛小孩（小狗）得以免除全身濕漉漉的命運。託了火堆的福，讓我們總是幸福滿足地渡過嚴苛的冬季。

山居生活，冬季就占了一半的日子，春、夏、秋三季大約各占兩個月，但如果來了一、兩個颱風，就幾乎沒有夏天的影子了，只剩下半年濕冷、半年涼爽的氣候。

夏季時，一旦有颱風過境，之後就會有許多事情要忙，首先要巡山，檢查看看有多少樹木傾倒，再來就是帶著鋤頭和鏈鋸去巡路，看看有無道路崩塌了，若有樹木橫倒在路上就鋸斷並帶回當作柴薪。至於颱風吹斷的水管則有賴妹妹高超的修復技術了。

「寧靜」是山居生活最不欠缺的

住在山上，每晚上床睡覺時，先生常常都情不自禁地說：「真是安靜的地方啊！」接著，我們自然地向上帝表達一切的感謝，再擁著滿溢的幸福進入夢鄉。

享受慣了山上寧靜自然的生活，就益發不想再回到都會裡生活，尤其不習慣過年時此起彼落的鞭炮聲，總忍不住一過完年就急急地逃回山上。

山上除了擁有奢侈的寧靜外，清新無瑕的空氣更是奢侈的極致。在還沒住到山上前，我曾經是多麼地隨遇而安啊！總是說隨便把我丟在哪裡，都可以活得很好，沒想到如今在台北住一晚都要萬般忍耐，難怪古人說：「由奢入儉難！」

春
小松鼠可愛逗趣
吃著早餐店廢棄
的吐司邊。

夏

秋

冬

享受過山中的寧靜與清新，自然會遺忘都會生活了。

山林小木屋的世外桃源

經歷過山居的美好，現在的我終於有一點點明白「為什麼人在年少不經事時，不懂得在乎和珍惜自己的生命。」，可能是因為還沒發現生命中真正的美好關係，人往往要到年紀老大時，才會發現生命中每每有未竟之事，才開始學習珍視生命。

忙碌障蔽了我們對閒適的渴望

從小，我就是一個非常樂在工作的人，直到最近幾年才開始穿上睡衣睡覺，在這之前我從未真正放鬆過，總是繞著工作團團轉，竟不知穿著睡衣安眠竟然如此舒適！

年輕時，我完全無法想像自己會住到山上，甚至連偶爾到鄉下住個一、兩天都待不住，我喜歡看電影、逛夜市，完全無法適應清靜的鄉間生活，記得有一年過年時，還曾經一天內連趕五場電影還覺得意猶未盡。

熟年後，因為愛吃而從事餐飲業，所以總是有藉口四處品嚐美食，一餐吃過兩、三家是稀鬆平常的事，有時甚至連吃四、五家店而樂此不疲。當時，無論是在大飯店、小餐館或是路邊攤，「吃」就是我最快樂的工作，即使感冒了也不放過吃的機會，總是利用大吃大喝來療癒身體。

閒下來才體會到何謂「生活」

在山上生活的這幾年讓我慢慢地學會安心放鬆和休息，甚至還能夠享受悠閒的快樂，但是為了身心的健康，我不會完全休息，因為工作和休息對我來說都很美好，也是一種享受，所以我要做的就是盡量讓這兩者平衡。

感謝這一塊磨練、教育我的山林，現在的我已經比較可以「忙得起、閒得下」了！經過幾年的山居生活，慢慢學會了如何享受生活，開始體會到身邊的美好——寧靜的桃花源、祥和的氣氛、清新怡人的空氣、沒有壓力與沒有重力的漂浮感、與世無爭的香格里拉、一個能放空放鬆充滿靈性的地方、鍛鍊身體的絕佳場所、均溫約25度的夏天、沒有文明世界的聲音、經常雲霧繚繞……，原來我竟然就生活在人人朝思暮想的世外桃源之中！

潛藏在山林綠野，我們終於學會過著「自慢的生活」。

享受春耕樂的田園風情

很多人以為住在山上是一件很浪漫的事，其實長期住在像侏羅紀公園一樣原始的地方，並沒有想像中那麼容易！例如：原始的山居生活一切都要從簡，最基本的是要學習利用木工改造物件，還有要懂得各種水電工程修理等事務，由於山上的資源並不多，對於任何事物也都要懂得惜福，所以我們連上廁所這檔事都不放過，盡可能讓一切資源都能夠再利用——例如：我們將廁所的黃金變成沃土。

美麗是需要辛苦耕耘的

雖然大自然的美麗常常會令人流連忘返，但美麗之下往往需要辛苦付出，就像五月的山上，滿山遍野都是粉紅色的野牡丹花和紫紅色

① 將壞掉的椅子和淘汰的馬桶座墊組合起來，變成環保堆肥廁所（右側的抽水馬桶是小便用的，而左側則是排解黃金用的）。
② 利用檜木屑的獨特香氣，可以自然消除人體排出的黃金異味。
③ 當我們每次排解黃金之後，都會利用檜木屑鋪蓋在上面做堆肥，廁所裡自然也就滿室生香。

巴西野牡丹的生命力強，且容易生長，可抵禦強風、保護小樹苗。

的巴西野牡丹花競相綻放，美不勝收，但山上的景色並不是一開始如此清新秀麗。

從決定到山上生活到略具雛型、稍有規模，我們期間經過了不少年的摸索、學習和鍛鍊，自己土法煉鋼，學習到不少植物種植的知識，譬如巴西野牡丹是剛上山初期，買自花市、帶上山種下的，至於另一種原生野牡丹則是自生自長的。這兩種牡丹花都很適合山上氣候，生長容易，完全不需要照料，我們特意讓它們與其他野生植物一起生長。巴西野牡丹幾乎整年都在開花，不僅可以觀賞，還可以擋風，也具有水土保持的功能。

這兩株巴西野牡丹種了差不多兩年，就長得很高大，我們便趁著初春時節剪枝扦插，之後又陸續讓它拓蜒，幾年下來，已從兩株分出許多子株並且都長得很高大。在今年春節期間，趁著天冷，我再度拿起剪子，剪下一、兩百枝，沿著山邊插枝栽種，期待未來茁壯後也能為其他小樹苗擋住強風，等小樹苗長大之後，它們就可以功成身退，拿來當材薪了。

以平常心對待所有的付出

每年的十月到隔年的四月份是山上的栽種季節，我們總是把握這段黃金時間，栽種各種草木、野菜，例如會開花的

越南香菜（刺芫荽）｜特徵
蓼科春蓼屬香料植物，多年生，全株香氣濃厚，葉子呈暗綠色，近基部有紅色塊斑，上面有栗色斑點。在適合的環境下生長，植株高度可至15～30公分。

九芎、光臘樹、落羽松，還有能抵擋強風的西洋杉、巴西野牡丹等。

趁著農曆春節期間，我們在整片山坡地上栽植滿滿的草木植物，一部分是阡插的、一部分是連根栽種的，目前已經栽種完成的大約有十多種（有楓香、肖楠、冬青、烏心石、竹柏、五葉松、樟樹、青楓、榕樹、九芎、光臘樹、落羽松、檜木、櫻花、大頭茶、山茶等），以及一些野生的菜蔬（如越南香菜、龍葵、紫背草、石昌蒲、皇宮菜、三葉芹、野生A菜、蘆薈、牛乳埔、枸杞、地瓜葉、紅鳳菜、西洋菜等）。

扣除栽種植物的樂趣外，山居生活其實是很不方便的，尤其我們是住在一個交通困難的地方，出入都需要四輪傳動車才能行動。對於山居生活能夠安然自得是需要條件的，並不是隨便想想就能待得住！

任何考慮到山裡生活的同好都應該有這樣的認知——「謀事在人，成事在天」！這句話用在山居生活最是適切不過的，即使再用心栽種植物，也無法預料結果，不管如何，我們都以喜樂的心迎接充滿變化、驚喜的每一天。我們建議任何想體驗山居生活的人要擁有以下幾項條件：

・擁有濃厚興趣，並能夠堅持

許多人對很多事情都很有興趣，但若要長期維持，除了

山上生活的初期沒有電力，到了夜晚就得使用煤油燈照明。

天生性格使然之外，我認為上天的旨意是至關重要的關鍵，這是我實際住到山上後的深刻體悟。

• 對物質的要求低一些

在山上，我們所擁有的任何東西都被視為是全世界最好的，即便只是一件撿來的物品，也能讓我們開懷大笑或感動、感謝、滿足到眼眶泛淚，讚美造物者的恩典。

• 欣賞並且享受大自然

長年在都會裡生活養成的習性，讓初到山上的我著實忙到不可開交，例如看到滿山遍野的雜草，就感覺十分礙眼，總忍不住急忙忙地趕著砍草，希望讓一切都看起來井然有序，殊不知將雜草砍得乾乾淨淨的同時，也讓年年新種的小樹都失去了保護而夭折。在經

上／已經野放了10年的金棗，每年都可以鮮採果實，做成各式的美食。

下／利用廢棄的小耳朵支架當餐桌腳，再擺放二手不鏽鋼板當桌面，下層置放著暖爐，在漫長的冬季裡守護家人的笑容天天圍爐。

過前輩的指引與多年的自我磨練之後，終於接受並習慣天然的景象，小樹也漸漸茁壯成林、欣欣向榮。

山上的工作永遠也做不完，如果真的喜歡山居生活，就要慢慢地調整自己的節奏，並且向大自然低頭學習，才能快樂地享受自在的山林生活。

‧生活所需盡量自己動手做

一切自給自足是我們的目標，卻是知易行難，首先要改變並調整長久以來養成的生活習慣並不容易，例如需要什麼就馬上拿錢去買的習慣要漸漸減少才行。

在山上，我們許多生活用品都來自於親友的淘汰物件，像是瓦斯爐、燒木柴的爐灶、桌子、椅子、床、櫃子、浴缸、割草機等等，這些被帶來山上的物品都被我們非常珍惜且充分利用。

雖然我們很希望能夠一切都自給自足，但實在不想每年都要辛苦地種菜，所以想盡辦法讓野菜自然繁殖，至少這樣可以省點勞力少種點菜，所以每次砍草、拔草時都留下一些野菜任其自行生長，希望假以時日，山上會長出繁茂且足夠的野菜可供食用，到時候，即使沒種菜，也不需要花錢去買菜囉！

對於愛煮、愛吃的我們來說，可以置放各式餐具的櫥櫃是必要的。

上／把砍草當運動，動一動，全身都舒暢。
下／大自然本來就是昆蟲的地盤，看到它們千萬不要大驚小怪！

・利用工作來鍛鍊身體

每每坐在電腦前打字一、兩個小時，我就會起身動一動，有時砍草、有時整地、有時則是鋸木材或整理環境……。

住在山上，可以消耗體力的工作太多了，動一動，全身都舒暢，愈動，身體愈好，活動真是舒壓的頂好方法。

・習慣沒有鄰居

一聽到我們住山上，總會有人問：「周圍真的都沒有鄰居嗎？」如果喜歡被鄰居包圍的話，是比較不適合住在山上的。對於孤寂的山居生活，我們其實是非常享受的，我們喜歡在無垠的天空下，被層層山巒包圍的幸福感和自由自在，不管氣候如何變化，山居的自慢生活一切皆是美哉！

・不畏懼蟲子和蛇

大多數的人都不喜歡與蟲子為伍！剛到山上時，對於層出不窮的各種蟲子，我也是有些怕怕的，但慢慢地也就習慣了，因為發現這些蟲子在不久之後變成漂亮的蝴蝶，讓我們看得好驚喜，後來也就愈來愈習慣大自然界因應而生的生命體，更何況，大自然本來就是牠們生活的所在地呀！

除了有數不盡的蟲子之外，蛇也是山上常見的生物。在山上，屋子裡如果有老鼠的話，就表示沒有蛇，沒有老鼠的話，就要注意是不是有蛇跑進屋裡。有一次，大白天裡看到一隻老鼠跑出來（老鼠通常都是在晚上才出來活動），正感覺納悶時，就看到後面尾隨了一尾蛇，當時好緊張，趕緊拿火鉗將蛇請到外面，自從那次事件發生之後，我們就添購捕蛇夾放在家裡備用了，所以，在山上，出門最好穿上雨鞋行動比較安全。

・聽到任何聲音都不要作其他聯想

剛來到山上時，每天早晚都會聽到屋頂上有人走動的腳步聲，經過一段時間的觀察之後，終於了解到我們家屋頂是猴子群每天早上下山、傍晚上山的必經路徑，後來我們帶了幾隻毛小孩（狗狗）進駐之後，猴子們就繞道而行。

還有一段時間經常聽到有人低語和唱歌的呢喃聲，尤其是在細雨濛濛或霧氣濃濃、視線不佳時聽得更清晰，後來觀察數日之後，才發現原來是家中兩隻大公雞喉嚨中滾動的聲音，而這兩隻大公雞是幾年前買來的小公雞，當初是因為想讓牠們幫忙除草才買的，或許在山上居住的公雞，可能是生活過於寂靜，而學會人類發聲的頻率。

在山上常可以聽到各種聲音，除了藍鵲、猴子、山羌、松鼠、樹蛙、秋蟬等較熟悉的聲音外，還有許許多多不知道、不認識的蟲鳴鳥叫聲，天天都可以聽到山林原野的交響樂，而且會依時間和季節的不同而變換曲目，至於那些聽起來恍若人聲、讓人感覺奇怪的聲音，我們則恍然未覺，完全置之不理，一切處之泰然！

透過觀察各種野生動物能了解在山林間四季茂盛生長植物的可食性。

粗食是優雅的生活哲學

如何透過簡單的方法將天然食材變成美食是我們一直歡喜在做的事情。根據統計，地球上有二十幾萬種可以食用的植物，但人們真正食用的植物種類非常少，所以我們在山上也慢慢地探索，期望發現更多可以食用的植物。

野生動物是最好的食材導師

經過幾年的探索，我們發現可食用的植物實在很多，只要花少許時間採收，就有現成的野生植物可食。若不知道哪些可食，只要觀察山羌、猴子、小鳥等野生動物們都吃哪些植物，就知道哪些是可食用的，例如各種樹木的嫩芽和果子等等。

想當初，剛上山生活時，整個山頭都被生長茂盛的芒草所覆蓋，完全找不到任何野菜的蹤跡，我們便趁著每次上山，沿路挖山茼蒿、野生A菜、龍葵、山芹菜、野莧菜等移植到山上。偶爾上山途中看到路邊有歐巴桑賣西洋菜，也會順道多買一些帶上山，將老莖種在水池裡，卻每每被識貨的山羌大快朵頤，後來改種到用籬笆圈圍起來的另一個水池裡，才得以安然生長。

經過幾年的環境整理，終於除盡棘手的芒草，而許多自然生長的可食用蕨類、紫背草、艾草、魚腥草、紫蘇、金錢薄荷和水芹菜等各式的野菜，也陸續冒出頭來，顯得欣欣向榮。距離規劃未來不用種菜，也能有新鮮蔬菜可吃的目標幾乎愈來愈接近了！

從鑽研粗食到心靈提升

為了健康，愈來愈多的人主動走入廚房、自己烹煮食物，但也有人因為擔心無法勝任繁雜的烹煮過程與排斥油煙味而止步不前，其實烹飪是一件很快樂的事，快樂到可以讓人忽略過程中的不便與繁雜，但為了避免讓太多的手續和油煙等問題成為阻力，我們一直在研究和努力開發更簡單、更容易做的健康粗食料理。

在山上，除了研究、實驗新開發的食譜之外，簡單的生活讓我們有更多時間做其他事情，像是散步、泡茶、吃小點心、聊天，以及整理環境讓自己住起來更方便、舒適等。

正因為步調悠閒、生活毫無壓力，我們才有空間可以開始關心精神及靈性的層面，讓自己在這些方面得以慢慢地提升。

歷經數年生長，紫蘇等野菜都一片欣欣向榮。

日曬後，來杯明日葉汁，熱氣立消，頭腦清明。

不一樣的大地養生法

從小我就愛吃，胃腸又好，所以幾十年來，身體上只要有任何狀況，第一個念頭就是——吃什麼，可以改善和解決問題？

山中萬物皆是寶

大自然真是一座寶庫，擁有取之不竭的健康寶藏！譬如頭痛、頭暈時，就會先想想是什麼原因造成的，是不是吃太多（很多時候都是這個原因），還是在大太陽底下曬太久，或是氣溫太低。如果是因為吃太飽，胃脹得難受，就會吃點蘆薈來幫助舒緩；若是曬太久，就喝明日葉汁或松葉汁；天冷時，則用黑麻油加老薑煮各種料理來吃。

家人感冒了也是透過食物來調理身體，例如：老薑茶、昆布高湯煮白蘿蔔泥加少許薑泥、烤橘子、紅蘿蔔加檸檬加蘋果榨汁（可以幫助退燒）、柑橘皮加薄荷、紫蘇加當季的水果

（如柑橘類、鳳梨、蘋果等）煮茶（有助於止咳）等，手邊有什麼現成的食材就先試用看看！

平常還利用納豆、木瓜、蘆薈、甜菜根等植物來美容、保養皮膚；偶爾受點皮肉小傷或蚊蟲叮咬之類的，也是隨手採個咸豐草或蘆薈、明日葉等來塗、抹、貼，傷口也都會很快就好了；就連我先生的香港腳也是用蒜頭醋泡好的！

連小妹都愛上簡單粗食

相對於我喜歡用食物來保養身體，我那從小就體弱多病的小妹，從年輕開始，就鍾情於各種物理療法，諸如：按摩、刮痧、水療、火療、拔罐、拉筋、瑜珈、拍打、運動、爬山、溯溪等。對於我最喜愛的美食，她則因為食欲不佳，認為吃飯好無趣，所以完全無法理解我們讚嘆美食時的快樂與幸福感。

不過，時間是最有效的轉化劑，當我們住在一起幾十年下來，她一點一點地陪著我們一起吃，也慢慢地改變了，終於在年過六十之後，體會到食物的美味，也開始享受起美食帶來的歡愉，身體也逐漸健壯起來，不若年輕時的瘦弱了！現在，我常常恭喜她走老運，現在的她每天除了利用物理療法養生外，也會用心享受起食物的美味，真是愈老愈幸福！

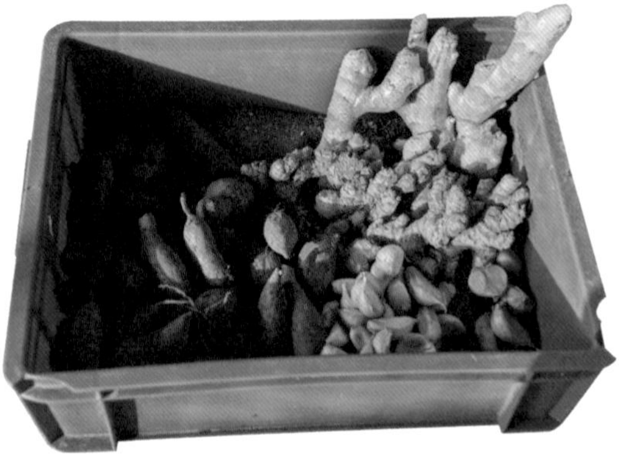

在濕氣重的山上，放一些沙土在盆子裡，再把薑、蒜頭、地瓜等放在上面，可以保存好久。

我的健康法寶—粗食＋保健操

現在的我，因為年歲大了，在賣力砍草、鏟土、種樹之後，身體也難免會出現酸痛的情形。記得，有一次因為工作不知節制，連續操了好多天之後，竟然得了帶狀皰疹（俗稱皮蛇），當時超痛的，妹妹看到我一副苦瓜臉時笑翻了，她說這輩子第一次看到我的苦瓜臉，太好笑了！

一開始，因為不知道是帶狀皰疹，還繼續工作，沒管它，等痛了一段時間之後，發現自己竟然是得到「皮蛇」，才開始找草藥煮來喝，還請教別人怎麼趕「蛇」……。當時可能是太痛了，竟然沒想到可以採些青草（如：抱石蓮、扛板歸、長梗滿天星、蛇

自製蒜頭醋．改善足癬法寶

材料 去膜蒜頭100g、工研白醋2000cc

作法

將蒜頭與500cc的醋放入果汁機一起攪打。打好後，再加入1500cc的醋混合均勻裝入罐中，室溫保存即可。

改善香港腳（足癬）用法

* 建議可以到農具行購買船型的塑膠工作鞋，比較方便使用。
* 洗好澡後，將腳上的水氣擦乾，在塑膠鞋中倒入蒜頭醋（單腳使用量大約是3大匙，45cc左右，也就是以腳踩下後，醋汁不會溢出來），直接踩下去，讓腳浸泡蒜頭醋10分鐘，泡完後擦乾（不用再清洗）。
* 可以每天泡，一天一次，每次泡10分鐘，浸泡到完全改善為止。症狀輕微者約一週就可以看到效果。

※蒜頭醋保存法：醋本身具有殺菌防腐的效果，所以做好的蒜頭醋不需要冷藏，直接存放於室溫下即可。

莓、乞食碗、釘地蜈蚣等）做藥塗抹皮膚。

過了一些時日，症狀總算消失了，本以為從此可以高枕無憂，沒想到過了幾個月之後，後遺症就來了，長帶狀皰疹那一側的背部開始感覺麻麻的，連睡覺時也會被麻醒過來。這次，我沒有再用食物解決問題了，反而開始用一些以前用都不會用、不屑一顧的物理方法——用棒子自行拍打，感覺無效之後，就請我先生用手幫我敲打，還是不成；後來想到小時候曾幫母親用老薑塊沾米酒刮痧的經驗，一開始很有效，可維持一天，慢慢地時效愈來愈短，後來就不管用了。最後是兒子去學了張釗漢醫師開發的「原始點療法」，幫我按摩了幾次之後，才得以解脫。現在我一有筋骨方面的問題，就會馬上處理，再也不敢鐵齒了，平常也會三不五時地找兒子幫忙按摩一下，保養身體！

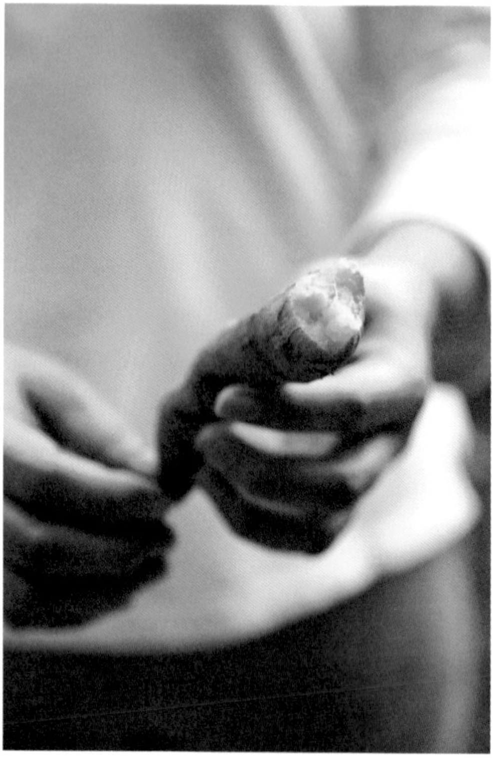

用粗食保養身體，美味與健康兼顧。

現在雖然美食照吃，每天也都會做做甩手功、拉筋和黃豆棍拍打等功法保養身體。俗話說：「人老了都會變」，果然一點都沒錯，我們姊妹倆體質都變得更好了！

天然ㄟ尚好

以前家中的小貓、小狗只要發現有皮膚病、脫毛的現象時，我們就會帶去看獸醫，但只要塗上藥，牠們就會把藥舔掉，讓人看了非常不放心，於是我嘗試使用新鮮的蘆薈來幫家中寶貝們塗抹問題皮膚，結果常常令人十分滿意。

有一次，家中小狗的皮膚因不明原因而大片脫毛、潰爛，我們直接就近拔了野薑花，整株切一切，再加少許冷飯藤和艾草煮開，待涼，一天幫小狗擦數次，三天就好了大半，一星期就痊癒了。讓我又再次印證了天然植物的神奇妙用與上天的恩典。

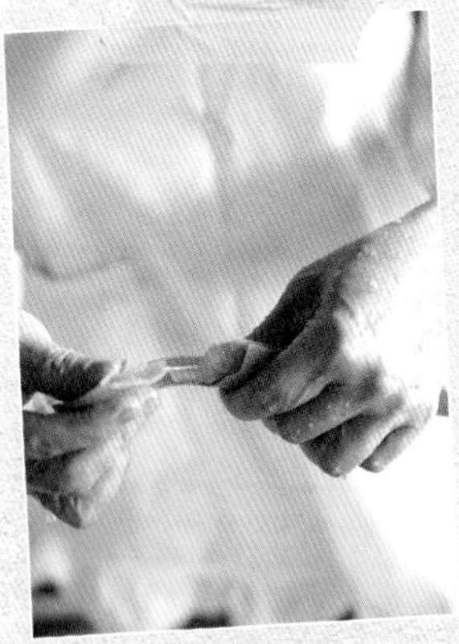

蘆薈中的凝膠物質可幫助減輕如搔癢、乾癬等皮膚問題。

根據我個人的經驗，若皮膚有搔癢、起小水泡等情形時，只要以新鮮的蘆薈塗抹即可改善，此外，我也常常在烤東西時，因為懶得拿夾子來用，直接將手伸進烤箱裡取食物而被燙到（皮膚當場被燙到焦掉），這時我也是用新鮮的蘆薈塗抹幾次，就會有改善效果，沒有起水泡或發炎的情形。

我認為簡單的皮膚問題不妨先試試看用天然的草藥來處理（要盡早處理），但如果情況比較嚴重，或是不了解如何處理較理想的話，則應盡快就醫，以保障自身的健康。

① 將整株野薑花加少許冷飯藤和艾草洗淨、切斷，用水煮開，放涼後便是幫小狗治療皮膚病的藥水。

②擦過藥水後第二天，就可以發現皮膚紅腫的狀況有改善。

③第五天，掉落的毛開始長回來了。

在山上喝什麼茶？

我的母親善於用各種青草類植物改善家人身體不適的的問題，因此從小我也習慣飲用各種青草藥飲，甚至對於食材味道的烹調，我更喜歡不停地嘗試，在製作的過程中享受各種食材搭配的美味，培養飲食廚藝的運用與技巧，所以在山上閒暇之餘，也會閱讀各種中草藥及養生保健類書籍以自己當作實驗體，研究各種藥草，居住山林間可以喝的茶飲材料也是變化無窮。

・五葉松

多年前我就是喝五葉松汁治好了手腳冰冷的老毛病，所以初到山上即種了數十棵五葉松，目前存活大約四成左右，全都是頭好壯壯。夏天喝時，我會加入冷開水與柑橘類或水果一起打汁、過濾之後飲用；冬天則煮成熱茶，或加少許在高湯裡一起煮，也是一種超讚的養生食補方。

・麥門冬

山上的麥門冬都是朋友幫忙種在路邊的，沒想到一年、一年愈長愈多，如今，每到夏季，路邊一串串淡紫色的花仿若薰衣草般優雅。麥門冬根部洗淨，直接生吃，會有淡淡的甜味，能生津止渴，偶爾我會去剪幾枝花來點綴家居，或挖一些根部加入其他材料一起煮成茶飲。類似這種多年生的實用藥草，或是野菜就是我最喜歡的，長得愈多，山居生活愈

方便。

・牛乳埔

十多年前初到山上時，常有原住民來採集藥草，相詢後才知道他們來採集的植物叫作牛乳埔，據說：「吃了牛乳埔，身體會變強壯、不容易累。」，於是我便常常挖取牛乳埔的根部煮茶喝，或是拿來熬煮高湯品嚐。

牛乳埔的根部有一股很特別的奶香味，有時間的話，我會挖根部來煮，沒時間或偷懶時就隨意折一段樹枝連葉，有果實則連果實一起煮來當茶喝或熬高湯。有時也會隨著季節變化加入一些現有的中藥，如當歸、川芎、人蔘鬚、黃耆、紅棗、枸杞、杜仲、羅漢果等增添風味。

① **五葉松** | 特徵
常綠大喬木，松科松屬植物，為台灣特有。松針短，五枚一束，長約4～9公分，橫切面為三角稜狀；毬果呈長型，約7～10公分；樹幹通直，直徑通常在50公分以上，高可達20公尺以上，常與闊葉樹混生。

② **麥門冬** | 特徵
多年生的草本植物，根部膨大、呈橢圓形或紡錘狀，莖短，葉子從基部叢生，葉片為狹長的線形。花期在夏季，花莖會從葉叢中抽長出來，花朵為白色或淡紫色，高度可達20～30公分。秋季花謝後，會陸續結果，果實為球狀的黑色漿果。

③ **牛乳埔** | 特徵
桑科榕屬，屬落葉性或半落葉性的小喬木或灌木，全株被有短毛；葉片多呈倒卵形或長橢圓形；果實形似牛的乳房且含有白色乳汁，所以又名「牛奶榕」。是台灣中低海拔地區常見的樹種之一。

・明日葉

我們在花市買了幾株明日葉帶上山種，後來種籽熟透掉下，又自然長出一些來，所以現在山上長了不少明日葉，嫩葉可以做料理，還可拿來打汁喝，冬天天冷就煮熱茶來喝。根據我個人的經驗，明日葉的根部切片泡茶喝，有類似人蔘的香氣，特別好喝，對於年紀大、流目油的情形有很好的改善作用。

・珍珠癀（同蕊草）

這是山居好友介紹我認識的藥草，具有清熱、解毒、利尿、鎮靜的作用，剛好發現在山上也有生長一些，且知道它是很珍貴的藥草之後，每次在拔草時就特意留下它，就這樣愈長愈多了。我們通常都在夏季時，等它開花、結籽、種子落地、繁衍後代之後再採收曬乾，單味泡茶喝或加在其他的茶料中一起煮來喝，滋味不苦、不澀，還有淡淡的清甜味，

① 明日葉｜特徵

繖形科多年生草本植物，植株高度可達 120～150 公分，有青莖種、紅莖種與混合種等，須種植兩年後才會進入生殖生長期，葉片和莖呈綠色，葉片大且葉緣為鋸齒狀；開白色小花；果實為稍扁平的長橢圓形。種子成熟後，植株就會逐漸枯死。

② 珍珠癀｜特徵

苦苣苔科同蕊草屬，為多年生草本或亞灌木植物，植株一般都不會超過30公分，常見於中海拔的陰濕之處或陡壁上，與路邊斜壁的草叢中及疏林內。莖基部橫臥，幼株密被黃褐色綿毛；葉形大，白色花朵卻很小；白色漿果如珍珠一般，稱為「珍珠癀」。

算是味道很好的藥草。

・咸豐草（赤查某）

咸豐草可以內服，也可以外用，曬乾後是青草茶必加的一味。在山上，我們都是現採現煮，加在任何藥草茶飲中味道都很協調，嫩葉還可以做料理吃，連打蔬果昔（**精力湯**）時，我也會現採一些加入。根據我的經驗，被螞蟻蚊蟲叮咬後，採新鮮的咸豐草葉，揉出汁液後塗抹在患處，具有很好的消炎、止癢效果。咸豐草在我的歸類裡屬於青菜的一種，是上天賜予我們最方便採食的青蔬。

・桂花、野薑花、樹蘭花

每次泡水果茶時，我都會依季節，到野地裡去摘採桂花、野薑花或樹蘭花等，增添酸酸甜甜香香的風味，尤其是沖泡現採花朵沖熱飲，在品嚐花草茶時，也會感覺自己有如花朵般綻放優雅美麗，特別的浪漫。

③ 咸豐草｜特徵
菊科草本植物，常見於田埂路邊、溝邊或荒廢地。莖幹挺直，多綠色分枝；葉片對生，呈狹卵狀，葉緣有粗鋸齒；花朵白色，中央管狀花為黃色。

④ 桂花｜特徵
木犀科木犀屬，為常綠灌木或小喬木，全年開花，但以秋季最為盛開；花朵小、數多，有白色、金黃色及橙黃色，具濃郁香氣。葉片呈橢圓形，前端尖銳，葉緣為細鋸齒狀。

‧金桔、金棗、檸檬

當初上山時就在山上野放了幾株柑橘果樹，每到了盛產的季節，果樹上結滿了黃澄澄的果實，現採的清新自然風味絕佳，除了泡水果茶飲用之外，也廣泛應用在料理的調味方面。

‧颱風草

颱風草煮過之後會有玉米的香氣，也是超順口的茶飲，具有生肌、幫助發育的效果。我通常都採來煮茶或熬高湯，是孫子回家時的必備茶（湯）品；而我家的小狗咳嗽時，也都會去自動尋來吃，是狗兒的止咳良草。

‧水果皮（鳳梨皮、梨子皮等）

將需要去皮的有機水果刷洗乾淨，果肉鮮吃，剩下的果皮就拿來煮香草水果茶喝，一舉兩得，如鳳梨皮、鳳梨心、梨子皮、梨子心、蘋果皮、蘋果心、柑橘類等水果的皮煮茶都很好喝（**柑橘皮宜少量，以免會苦**），添加薄荷、紫蘇、香茅、月桂葉、檸檬葉等香草，風味會更佳。

‧車前草

車前草具有明目、止瀉、化痰止咳、清熱利尿的效果，生命力強，無所不在，屋前、屋後、路邊……到處都看得到它的影子，每天看著它們，心想該好好利用才不會可惜了，所以炒菜、煮湯、煮茶、打蔬果昔時，就會拔來用。煮茶時，整棵連根帶花、葉子全部都用；炒菜、煮湯、打蔬果昔，則只取用嫩葉。

有一次，家中小狗連咳了兩、三天，我們發現在那兩、三天裡，牠每天都去吃平常不吃的車前草和颱風草。

③ 柚子皮
柚子皮烤乾後，可以用來除濕去味，若有外出過夜時，必定要帶著同行，放在枕邊可幫助一夜好眠。

④ 車前草｜特徵
車前草科車前草屬，為多年生草本植物，山野、路邊、河邊都可以看到。根莖短而肥厚，葉子根生，葉片平滑，但邊緣有波狀。春夏時節會從植株的中央生初穗狀的花序，花朵很小且花冠不明顯；花謝後，則結橢圓形果實，成熟時裂開並撒出種子。

① 金棗｜特徵
芸香科金柑屬，是灌木或小喬木，葉質地厚而色濃綠，呈長橢圓形；花瓣白色、5片；果實如橢圓卵狀，呈橙黃或橙紅色，長約2～3.5公分，皮甜肉酸，有香氣。

② 颱風草｜特徵
多年生禾本科植物，生長於中、低海拔地區，喜林下有遮蔭之處，高約50～100公分，葉子呈披針形，葉面上下都有細毛，葉鞘表面有長約1公分的刺毛，葉面有皺褶，據說褶數即表示今年會來幾個颱風，因此被叫颱風草。

在山上吃什麼野蔬野菜？

在山上生活其實很容易，只要能夠享受眼前看得到的東西，欣賞它、享受它、感謝它，就可以擁有一百分的幸福感，彷彿時時刻刻身在天堂涅槃中，既滿足又快樂。

・香椿

上山初期，我們種了一些香椿，時隔幾年之後，將一些矮化時砍下的香椿枝拿到野地阡插，竟也讓香椿茂盛了起來。山上，因為氣溫低，植物長得慢，所以香椿葉的味道也特別香濃。

新鮮的香椿嫩芽現採後可做滷、燙、炒、拌等各種料理，多的則製作成香椿嫩芽醬（**香椿嫩芽＋油＋海鹽打碎**）冷凍起來。香椿具有除熱、燥、濕，以及止血、殺蟲、抗發炎、降血壓等效果。

・芒草筍

住到山上後，有一回突然想採些芒草筍來打牙祭，卻大失所望，一點都不鮮嫩，後來經過大姊指點才知道要挑選肥肥胖胖、約二～三尺高的芒草來採，才能剝出鮮美肥嫩的芒草筍。新鮮的芒草筍真的非常美味，有一次，看到原住民在路邊剝芒草筍，忍不住上前問

山上氣溫低，若冬天種菜全無希望收成，這棵在春天種了兩個月才吃到三片，所以還是吃現成的野菜比較省事。

可不可以賣一些給我，卻被拒絕了，想必是太美味又費工夫，所以不忍割愛吧！

我們住的山上雨水特多，整年度都可採到鮮嫩的芒草心，隨時都可以幸福地大快朵頤，而老芒草砍掉後長出來的嫩葉，則是家中三隻狗狗每天必定啃食的零嘴點心。

・地瓜葉

將地瓜葉的老莖剪下，插入土裡，只要有水，經過一段時間後，就有源源不絕的地瓜葉可食用了，可說是最簡單栽種、容易收成的蔬菜，我非常喜歡。

① **香椿**｜特徵
楝科香椿屬，是多年生落葉性喬木，樹幹直立，少側枝，樹皮略白，味道特殊。葉呈卵狀披針形，葉緣呈鋸齒狀，葉柄紅色。花朵白色，基部黃色，花期5～6月。果實為長橢圓形，長約2.5公分，成熟時會從中分離成5裂片，裂開如一朵乾燥花般。

② **芒草**｜特徵
禾本科芒屬，主要生長在低海拔地區的山坡、荒地或壞地，一叢叢密集生長成一大片，形成自然植被，對於山坡地的水土保持非常有幫助。其莖內部是實心的；葉片狹長，呈條片或劍狀；每年11月前後開花，花穗剛抽時是紅色系，待開花結果後會逐漸變成銀白色；果實成熟脫落後，花穗分枝會留下，像掃把一樣。

③ **地瓜葉**｜特徵
旋花科番薯屬植物番薯的葉子，也稱番薯葉或甘藷葉。適合在高溫多濕的環境下生長，較其他葉菜植物的抗水性強，再生能力很強，且病蟲害少，較少使用農藥，所以是相當熱門的健康蔬菜。

‧山芹菜

山芹菜性溫，具有消炎解毒、止咳、消腫的效果，可與野草共生，完全無須除草或照顧。初期，我們在路邊挖了幼苗帶上山種植，慢慢地愈長愈茂盛，年年都會自動發芽、生長。如今，每年春、夏兩季都有鮮嫩的菜葉可採摘，用來燙拌、煮、炒、生食、炸天婦羅或打汁都很美味。

‧水芹菜

水芹菜的葉子看起來像紅蘿蔔葉子，味道卻似巴西利，具有降血壓、退燒、利尿的效果。早乙女修老師都說它是義大利香菜，我們也真的都當作香草來用，例如：煮味噌湯時撒一些增加香氣，或加入沙拉中增添風味，或拿來炸天婦羅、打蔬果昔等。

① **山芹菜**｜特徵
為多年生草本植物，多生長在陰坡、林間。莖直立中空，表皮常帶紫紅色，節被毛；葉形近似三角，葉緣呈羽狀鋸齒，葉面下方生稀疏的短糙毛；花朵白色。全株具有香氣，可食用部分是嫩莖葉。

② **水芹菜**｜特徵
繖形花科，為多年生的溼地本植物，性喜涼爽、遮蔭至有光照的環境，全株具有芹菜香味。地下莖細長，莖基部稍匍匐斜上，莖中空，有稜蒲，高20～150公分，葉為2～3回羽狀複葉，小葉卵形或狹卵形，葉柄基部稍呈鞘狀，包圍莖部花序與花對生，花白色，植株全體有芹菜香味為水生植物，為一著名的食用野菜。

・蕨類

只要雨水多、水氣豐富，野生蕨類就會長得特別快又嫩，如貓蕨、蜈蚣蕨、山過貓、三腳嘟ㄚ（台語發音）等都是可以食用的蕨類，煮湯、燙拌或加薑、辣椒、黑豆鼓、番茄，或以麻油熱炒，怎麼煮都很美味。

・山茼蒿（昭和菜）

這是比較大眾化的一種野菜，除了寒冷的冬天，山上隨時都有採不盡的山茼蒿，香氣與茼蒿菜類似，是下火鍋的好材料；燙熟後，加入薑、辣椒、麻油、鹽、芝麻或醬油膏拌一拌就是一道山野美食；拿來做炸天婦羅，也是無敵的美味，只是近年來為了健康而少碰油炸物，所以多以炒或燙拌居多，有助於降血壓、消腫、利尿。

③ 蕨菜（三角嘟ㄚ） | 特徵

蹄蓋蕨科過溝菜蕨屬，為宿根性草本植物，生性耐熱、耐雨，主要生長於溝邊等潮濕的地方，易栽培，無病蟲害。主要特徵是葉軸與羽軸成溝狀且互通。葉叢生，葉柄長度可達20～50公分，基部黑色，幼葉為一回羽狀複葉，成葉則達二回羽狀複葉。孢子沿著小脈生長。

④ 山茼蒿 | 特徵

菊科昭和草屬，少病蟲害，生命力強，不需要太多照顧，非常容易種植，莖葉皆柔軟多汁，全株可食。莖部直立，高度可達30～80公分；葉片呈羽狀，葉緣有不規則的鋸齒；紅褐色的頭狀花、下垂；種子成熟後有白色冠毛，四處飛揚，擴充地盤。

・紅田烏

紅田烏是一種藥草，具有清熱、利尿、解毒的效果，整株都是深紅色的。有一次，我們開著車到山邊田野兜風，發現一戶人家有種這種紅色藥草，當場就央請主人分給我們一些帶回家，插枝之後慢慢地就愈長愈多了。

有時，我會把它加入茶飲中一起煮茶，有時則是拿來清炒或當作煮麵料。紅田烏沒有特殊的氣味，所以怎麼配都行。

・魚腥草

山上有兩種魚腥草，一種是台灣本土的，另一種是在越南店買回來插枝繁殖的越南魚腥草，兩種味道非常相似，台灣魚腥草通常曬乾後用來煮青草茶，但越南魚腥草因為具有淡淡的香茅味，所以較常用在生菜沙拉或煮湯。

① **紅田烏** | 特徵
莧科蓮子草屬，多年生的水生草本植物，莖分枝甚多，匍匐地面上。莖匍匐生長，莖節膨大，有白長毛；葉片呈菱形，葉緣有小小的鋸齒。花序為球狀，花朵是白色；果實為胞果；種子則呈扁圓形。

② **越南魚腥草** | 特徵
雙子葉植物，三白草科蕺菜屬，為略帶魚腥味的草本植物。主要生長於陰濕的地方或山澗旁，通常是大片蔓生。莖的下部匍匐地面蔓生、生根，上部則直立；葉片對生，頂端生有穗狀的花序。

・紫蘇

剛上山初期，滿山遍野除了芒草還是芒草，後來經過砍草、蓋帆布等各種方法不斷地整頓之後，終於有愈來愈多不同種類的野菜、藥草自動冒出來，紫蘇也在不知不覺中長得欣欣向榮！

每年春夏時節，看到萬綠叢中幾處小群聚落的紫紅色葉叢，還頗有情緒轉換之功效呢！

紫蘇花粉紫晶瑩、小巧可愛。

紫蘇花滷醬油（日式口味）

材料

紫蘇花90g、昆布高湯50cc、煮過高湯的昆布50g切絲、烤熟白芝麻3大匙

調味料

醬油100cc、黃砂糖60g

作法

1. 紫蘇花沖洗乾淨，瀝乾水。
2. 將昆布高湯、醬油、黃砂糖投入厚底的小湯鍋，以中火煮沸。
3. 加入紫蘇花和昆布絲，以小火熬煮至湯汁濃稠（每過一點點時間需攪拌一下）後，熄火，再撒入白芝麻拌一拌，即可食用。

※滷過的紫蘇花一串串吃起來香香酥酥好像炸過一般，極其美味，可配乾飯、稀飯、包飯糰、捲壽司等。

③ **紫蘇**｜特徵

一年生草本植物，是唇形科紫蘇屬下的唯一種。全株呈紫色或綠紫色，具有特別的香氣；葉子對生，形大、有皺摺，葉緣為鋸齒狀。花朵為紫紅或淡紅，呈穗狀，開花期在7～9月；紫蘇的果實呈卵形，名紫蘇子，俗稱黑蘇子，或稱蘇子，果期為9～11 月。

紫蘇性溫，具有祛寒、理氣的效果，除了可以鮮採生吃外，烹調料理後也是非常美味的，例如：紫蘇花滷醬油就是一道極其令人驚艷的便當菜。

此外，將紫蘇葉曬乾後醃製紫蘇梅或煮烏梅茶，也都再適合不過了；整株紫蘇連根洗淨、曬乾後，加入青草茶裡一起熬煮，具有獨特的風味。

・野莧菜

野莧菜和一般莧菜的味道差不多，滋味甚至更勝一籌，清燙、煮湯、熱炒皆美味無比，尤其是煮麵線特別好吃，但或許是山上氣溫低，加上土質為黏土的關係，生長的狀況並不是很旺盛，經過好幾年採收種籽到山上四處播撒，也挖很多已經長大的種株到山上來種，卻始終不見它遍地生長，一直到近一、兩年才漸漸生長開來，開始可以採摘食用。

野莧菜｜特徵

莧科莧屬，一年生的草本植物。莖部直立，呈綠色或淺紅色；葉子呈卵形或三角狀的廣卵形；穗狀花序，花朵摸起來乾粗，整年度開花；果實為胞果，有一層薄薄的膜狀果皮將種子包住。嫩莖、嫩葉及穗皆可食，味道與莧菜類似。

在山上吃什麼野果零食？

小時候住過鄉下的人都有吃野果當零食的快樂記憶，在那個沒有什麼零食可以吃的時代裡，鄉間的自然野果就是小孩子們打牙祭、解饞的美味零食。住到山上後，每次吃到野果時，那種小時候的快樂、幸福感就會一整個地湧上來，彷彿時光又倒流回去了！

・野牡丹

粉紅色的野牡丹花從五月開始就陸續綻放，每次上山時，沿途繽紛怒放的粉紅花海，即是放鬆和喜悅的最佳精神補償劑。在自己的山上，我會在砍草時留下它們，因為生長在小樹苗旁的，還可以幫小樹苗擋風，保護樹苗長大喔！

野牡丹開花過後大約一個月左右，就開始結果實，一瓣瓣看起來就像剝開的小橘子果瓣，有淡淡的甜、酸、澀味，雖然滋味沒有特別甜美，但是在散步經過時，可以隨手採來吃的幸福感大於口腹之慾的滿足感，對於大自然的賜與，我總是用喜樂、感恩的心去體驗和享受！

巴西野牡丹｜特徵
莖呈鈍四稜形或近圓柱形，有淡褐色鱗片狀糙毛。單葉對生，為長橢圓形，先端鈍尖，葉面上下有淡褐色糙毛及短柔毛，長約4～12公分，寬約3～8公分；花長於分枝的頂端，由3～7朵組成，有5片花瓣。

上／野牡丹開花過後大約一個月左右會開始結果實。

中／蹦開的野牡丹果一瓣瓣，看起來就像剝開的小橘子果瓣。

下／野牡丹果吃起來有淡淡的甜、酸、澀味。

・牛乳埔（牛乳榕）

牛乳埔的果實是約指頭大小的圓球形，像是小型的無花果，裡面滿滿一粒粒細細的籽。

牛乳埔有公、母之區分，母的果實較小一些，初期會由粉紅轉成紫色，等變成深藍色時就是最美味的成熟階段，此時，果實的外皮會滲出晶瑩剔透的蜜汁垂掛於果實下方，其甜如蜜，若遇雨天則甜味會稍稍淡一些，除了當水果，也可入菜、入藥；至於公的牛乳埔果實則無甜味，吃起來乾乾澀澀，適合入菜或醃漬等。

・野草莓（刺波）

小時候住在鄉下，每到夏天，總可以在山邊、曠野發現一叢叢滿是尖刺的爬藤裡長

結實累累的牛乳埔是人類和小鳥的特級美食。

滿鮮紅欲滴的莓果，它是小時候、少有零食的時代，讓我大大滿足的美味水果、常常採來吃的幸福零食。山上氣溫低又常下雨，雖然野草莓的甜度稍低，我還是用最幸福、感恩和滿足的心情享用它。

・酢漿草

小時候最常吃的零食大概是酢漿草，鄉下到處都有，常常走到哪就吃到哪，我最喜歡那股酸酸的味道。母親常說我是所有孩子裡嘴最饞的一個，現在也是一樣，在山上時，只要看到路邊有，就隨手抓幾根放在嘴裡，愈嚼愈感激大地和上天的恩賜。

・冷飯藤

摘取較肥嫩的頂部一截，剝除外皮，吃芽心，滋味微酸多汁，能生津止渴。

① 野草莓｜特徵
又名刺波、懸鉤子，薔薇科，屬多年生的蔓生灌木，是低海拔最常見的懸鉤子屬植物。羽狀複葉，3～5小葉，葉緣有雙重鋸齒，莖部密生倒鉤；開白色花朵；漿果成熟時為紅色、滋味酸甜。

② 酢漿草｜特徵
多年生鱗莖草本植物，喜潮濕肥沃的沙質土壤，耐旱性強。莖橫臥地面，節上生根，沿地面匍匐生長；掌狀複葉，具小葉3片，葉片對生成倒心形，上下有疏毛；四季開花，花萼與花瓣各5片；果實為長條圓錐狀，成熟時會爆裂並噴出種子。

③ 冷飯藤｜特徵
紫草科紫丹屬，為多年生藤本灌木植物。葉片互生，表面粗糙，葉脈具有明顯的凹陷。花序頂生，白綠色小花呈長筒狀，花蜜含量豐，是良好的蜜源植物；果實初為綠色，成熟後變成淺黃白色。

在山上泡什麼香草浴？

住在山上，遇到任何需要，如果能從身邊隨手可得的物品發掘出其與眾不同的作用才比較有意思。隨時補充實用又寶貴的生活經驗，才能讓山居生活出現不斷的驚嘆與感恩！

・石菖浦

許久之前曾向數公里外的山上鄰居要了幾株石菖浦種在水溝旁，種了後也沒有刻意照顧，僅僅每年幫它清理一、兩次雜草，就愈長愈多了，後來我們還分植了一些種在門前，方便每次需要用時可就近採收。

石菖浦有一種讓人為之傾倒、迷醉的香氣，是泡澡加料的首選大明星，剪一些用果汁機加水打一打，以布袋包住渣滓，連渣帶汁加入熱水中即可。有時嫌麻煩，則剪一些葉子洗乾淨就放入浴缸，邊泡澡、邊揉搓，讓香氣出來，順便用來刷身體，每次泡完石菖浦浴，都讓人有飄飄似神仙的感覺。

・野薑花

野薑花淡淡的辛香味，有助於放鬆，也是泡澡的必備良伴。野薑花茶還可以改善皮膚病，有一次台北家裡的狗兒得了很嚴重的皮膚病，約兩個手掌大的皮毛都掉光外，還滲出體液，我們將牠帶到山上，採集大量的野薑花，從根到葉切一切，加入少許艾草、冷飯藤和水煮成一大鍋，每天幫狗兒擦三次，三天後，就長出新毛，一個星期就完全好了。

‧香茅

山上的香茅也是跟山居好友分株來的，沒想到長大後，跟野草混在一起難分難解，有一次請人砍草時竟然被一起砍掉了，以致現在還在奮力發芽、長大中。香茅具有消毒、殺菌、驅蚊的良好效果，也是我們泡澡必加的香草之一。

① **石菖浦**｜特徵
天南星科菖蒲屬，多年生草本植物，主要生長於池塘、河邊、湖岸的淺水處，根莖可入藥。植株較菖浦矮小，根莖細長、匍匐根，全株具特殊香氣；線形葉片，先端呈尖狀；花朵為綠色，小而密生；果實呈紅色，為長圓形。

② **野薑花**｜特徵
多年生草本植物，常見於低海拔的濕地。其地下莖呈塊狀且具芳香，葉片呈長橢圓形，上方光滑，下方有長毛；白色花朵氣味芳香；果實為三瓣裂的蒴果，結紅棕色種子。

③ **香茅**｜特徵
禾本科香茅屬，成叢生長，性喜溫暖潮濕、全日照與排水良好的沙地。葉片粗糙，呈灰白色、寬條形，會割傷人，具有濃郁的檸檬香氣；花序乃由許多小花構成的圓錐狀，並不明顯。

在山上用什麼天然保養品？

用天然的東西做出各式各樣的生活必需品是我的樂趣，我嘗試過很多方法，也都覺得很有效果，但天性使然，覺得不錯的東西，過了一段時間又會想試試看有沒有更好的方法，所以保養品常換來換去。用食材製作保養品最大的好處是不怕吃到，這是最讓我安心和高興的部分。以下將分享我常用的天然保養方，有興趣的朋友們請依自己的膚質使用或調整。

・納豆水

我們家早餐常吃納豆，發現洗過裝納豆的容器後，手特別滑嫩，於是就實驗性地取五～十粒納豆放入喝老人茶的小杯子，加半杯冷開水調勻，每次洗完臉就擦一擦，用過後放在冰箱冷藏，每三～五天換新；後來找了一個裝化妝水或乳液試用品的小瓶子，裝在裡面，使用上又更方便了。

五～十顆納豆加適量冷開水調勻就是最好的化妝水。

納豆有種特殊的氣味，如果不習慣就沒辦法用，可是擦過納豆水的皮膚真的比較細嫩，我還用手臂做實驗，只擦一隻手，另一隻手臂不擦，真的有不一樣！女人常為了美麗什麼事都願意做，一點味道其實是值得忍受的，如果不行，只好用蘆薈之類的囉！

・納豆甜菜根水

擦了一段時間的納豆水後，我就想：納豆的顏色有一點黃黃的，會不會擦久了，皮膚會變黃，於是我就切一小片甜菜根泡一下冷開水，再將淡粉紅色的水加入納豆水中，搖晃均勻後拿來擦臉，果然膚色變得很好。

・納豆醋水

使用了一段時間的納豆甜菜根水之後，時序進入夏季，山上的紫外線特別強，可是每次擦了防曬乳後就覺得皮膚被悶住、無法呼吸，於是改以幾滴糯米醋取代甜菜根，與納豆水混合均勻，就變成夏天的皮膚保養液。

右／淡紅色的納豆甜菜根水，讓膚色變得好粉嫩。
左／山上紫外線強烈，納豆醋水可取代一般防曬霜，讓皮膚很快就白回來。

剛開始，比較認真擦，覺得效果還不錯，皮膚變得較細白，後來忙到成天在屋裡、屋外進進出出，或整天在戶外工作，常常洗把臉、沖個涼就算了，只有早、晚各擦一遍，但也感覺皮膚好像還是有黑得比較慢一點點。

・蘆薈

蘆薈的汁液較濃稠，所以剛開始時只在晚上沐浴後、睡前使用；後來習慣了便早晚都擦。使用時，剪一片新鮮的葉子，洗淨後，以削皮刀削去兩側的刺後，撕開一小段葉子，剝開外皮，將裡面的黏滑汁液塗抹在皮膚上。蘆薈對一些皮膚的小問題有不錯的效果，像是濕疹、蚊蟲叮咬傷、小割傷、小燙傷等，我個人都有很好的體驗。

蘆薈｜特徵
百合科蘆薈屬，多年生常綠草本植物，喜歡高溫、乾燥、日照充足或半陰的環境，耐鹽、耐旱、耐寒、耐陰且能抗強風。劍狀短莖，肥厚多汁，具黏液，邊緣有疏刺；葉根生，先端漸尖，長度可達15～40公分；花朵為橙紅色，從葉腋中抽出，夏秋時開花。

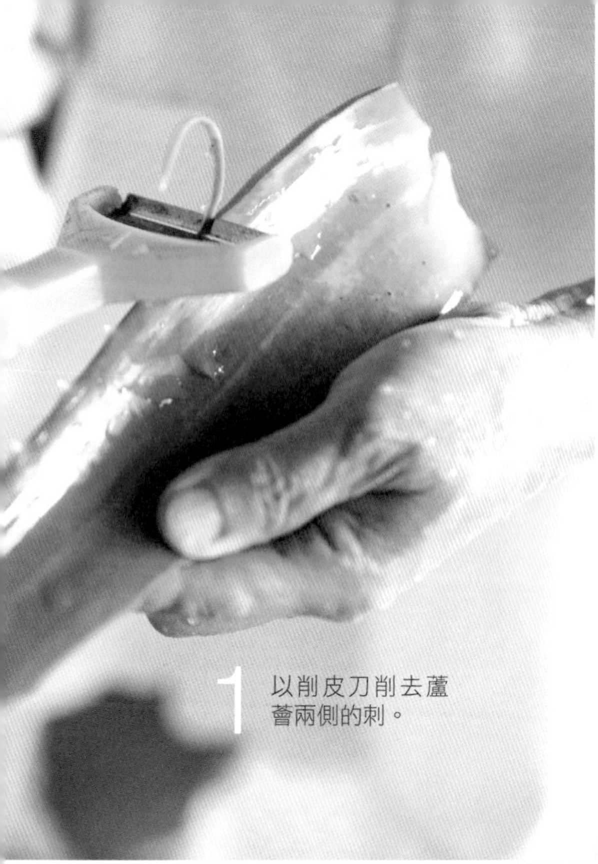

1 以削皮刀削去蘆薈兩側的刺。

2 撕開一小段葉子。

3 剝開外皮。

4 習慣了蘆薈液的黏稠後，直接將黏液塗抹在皮膚上即可。

木瓜泥具有天然的果膠，有助於緊實肌膚。

•木瓜泥

有一次從冰箱拿出切好、放在保鮮盒裡的木瓜，發現盒底的水已經變成一層凝膠，於是便拿來塗抹臉部肌膚，沒想到效果很好。在木瓜盛產的季節裡，每次吃完木瓜後，我都會用湯匙從瓜皮內側刮下少許瓜泥放入小杯中，加冷開水調稀，放入冰箱冷藏（有時也會添加蘆薈）。建議每天早晚洗臉、洗澡後都可以用，大約三～四天換新的瓜泥就可以了。

木瓜

木瓜是養生保健的水果之一，從裡到外都能利用，通常吃完果肉後，我們會留下木瓜籽，然後用烤箱或電暖器低溫烘乾或利用夏日的大太陽直接曬乾後，放入研缽研磨成細末狀。

木瓜籽有和山葵一樣嗆鼻的「哇沙咪」味道，如果是加入海鹽，則會變成「芥末風味鹽」，或者是添加烤熟的白芝麻、燒海苔，則是變成滋味像「哇沙咪」的「木瓜香鬆」，可沾蒸或燙的蔬菜，或作為拌飯、拌稀飯、當湯麵、乾麵的天然調味料。

芥末風味鹽

Part 2

塘塘&早乙女老師

分享幸福料理

呷蔬食，「10」大幸福好理由

幾乎記不得當初是為了什麼而開始吃素，但對於現在的我來說，吃素是一件不需要理由、簡單且樂在其中的事情！

回想起來，非常幸運，父母親在我還很小的時候就已經為我種下吃素的好因緣了。從兩、三歲開始，我就跟隨著家人一起吃素，長大後雖然曾經中斷了二十年純素的習慣（當時，吃素真的只是一種習慣而已）；直到中年以後，才又開始素食生活，此時吃素是因為不忍心吃動物的肉，但還是有吃奶製品；後來了解乳牛所受的苦之後，就連乳製品都不吃了；有一天，覺得蜜蜂太辛苦了，實在不忍心再剝削它們，也就自然而然地連蜂蜜都不想吃了，除非是像某次在山上時，無意間發現蜂巢竟然滴下蜂蜜，我們才接起來享用。就這樣，我成了充滿喜樂的純蔬食主義者！

家裡的毛小孩是我們快樂的來源之一，
同理心，其他動物也要愛護。

近十幾年來，除堅持純蔬食外，我們還開始研究如何烹調美味的無油料理。從此，餐桌上總是充滿了令人驚喜和驚豔的食物，真是幸福無比！

吃素數十年了，不僅身體愈來愈健康，精神上也愈來愈富足，靈性方面更是獲得了很大的提升與進步。只吃蔬食讓我每天都猶如生活在天堂裡，深深覺得蔬食的好處實在多到不勝枚舉，對自己好，對動物、環境也都很好，堪稱是最愉快的環保行為！以下列舉吃蔬食的益處與大家分享。

滿山遍野的野菜，現採、現煮，鮮美無比。

幸福有理 [1] 有助改善過敏體質

我的小孫子一出生就有令人苦惱的過敏性體質，從小，感冒、氣喘、鼻子過敏、異位性皮膚炎、便秘等問題纏身；後來，讓他跟著我一起過純蔬食生活後，所有的健康問題就改善許多了！恢復健康的關鍵就在飲食！

首先，我給他喝自創的健康ㄋㄟㄋㄟ（請參見《發現粗食好味道》第一二六頁）取代牛奶，再鼓勵、訓練他吃蔬果。記得小孫子剛回來住的初期，雖然曾兩、三度發燒、感冒，但喝了蔬果汁之後就恢復健康了，完全沒有服用任何藥物，後來體質愈來愈好，連感冒都

右／甜菜根切下的莖放在土裡就會長出新葉，蒸、煮、炒或鮮吃都極美味，也有助於健康。

左／新鮮蔬果含有豐富的維生素與礦物質，可改善百病。

很少發生。

幸福有理 [2] 穩定情緒，改善脾氣

植物性蔬果有助於穩定情緒，安撫躁動的脾氣。這是有事實根據的，一位開計程車的運將朋友跟我說，以前的他個性衝動、急躁，動不動就跟客人爭吵，後來棄肉食、改吃蔬食半年之後，脾氣就有很大的改善，再也不跟客人吵架了。

幸福有理 [3] 降低痛風、關節炎等的發生機率

蔬果含有豐富的維生素與礦物質，有助於人體抵抗發炎，痛風、關節炎等問題發生的機率自然下降。

幸福有理 [4] 纖體窈窕，幫助體重控制

蔬食高纖、低卡，富含人體容易消化的植物性蛋白質，脂肪含量也遠比肉食低，對於體重控制大有好處。

幸福有理[5] 清除體內垃圾，養顏兼美容

蔬食擁有豐富的膳食纖維，多多攝取，不僅可以幫助排便順暢，保證腸道健康又乾淨。腸道暢通了，身體內沒垃圾，容光自然煥發，皮膚不再暗沉，皺紋也會減少。

幸福有理[6] 降膽固醇，避免心血管疾病

肉類食物的脂肪豐富，攝取過量時，常會導致血中膽固醇升高，膽固醇含量過高就容易造成血管阻塞，成為心臟病和高血壓的主要原因。而蔬食因為脂肪含量極低，所以蔬食者的血中膽固醇含量通常遠低於肉食者，發生心血管疾病的機率往往較低。

幸福有理[7] 腸道暢通，避免大腸癌發生

有研究指出，多肉的飲食習慣，因為纖維質欠缺，以致食物殘渣容易滯留在腸道中，較不易排出，滯留的時間一長，就會產生有毒的物質，進而大大提高了大腸癌的罹患機率。

幸福有理[8] 尊重生命，愛護動物

希望跟人類一樣是血肉之軀的動物朋友們也可以健康、快樂、幸福、自由地生活在地

用暖爐烤的地瓜高纖、低卡又美味，是減重的好夥伴。

球上，不必因為人類的貪慾而遭受苦難。

幸福有理 [9] 節能減碳，保護環境

環保署於二〇〇八年通過「節能減碳無悔措施全民行動方案」，其中之一就是建議民眾「多吃素食、少吃肉」，不僅是為了健康考量，多選用在地、當季的蔬果食材，並減少肉類的攝取量，可以減少二氧化碳的排放量，為地球降溫，減緩地球暖化的速度。

根據聯合國糧農組織報告指出，畜牧業所消耗的水資源在全球水利用量的占比超過了八%，不僅對有限的地球資源造成壓力，所導致的直接或間接污染對環境也深具破壞力。相較於肉食，蔬食大大減少了用水量以及污水的排放，的確是對土地比較友善又環保的生活方式。

愛護動物也是尊敬大自然的一種態度。

幸福有理 [10] 蔬食容易儲存，更環保

植物性蛋白質比動物性蛋白質更方便儲存，例如：乾燥後的豆類可以長期儲存，與五穀混合使用就是極好的蛋白質來源，完全不輸給肉類食物，可說是成本低廉、健康又環保的食物。

循序漸進，一步一步邁向全蔬食。

無肉不歡怎麼辦？如何改吃粗食？

想要改變飲食習慣不是一件簡單的事，我們也是用力挽狂瀾的精神，盡己所能地推動蔬食飲食，雖然不容易，但精誠所至，金石為開，總會有人踏出追求健康的第一步，譬如我們山下的鄰居就是很好的例子。

這位鄰居就住在山腳下，我們曾邀請他到家裡吃過便飯，彼此熟識之後，對方有朋友來訪時，總會大力推薦我們家的美食，甚至特別帶上山來體驗「不一樣的素食」。有一回，我們下山時順便帶了些料理給他，沒想到，他當下就說：「我決定不吃肉了，但是我一定要先跟你們學做幾道菜才行，因為只有你們家的素食才能夠讓我改吃素。」推廣蔬食數十年，看到有人受到影響而成為蔬食者，當然樂觀其成，也義不容辭地傳授了他好幾道美味的蔬食料理！

從肉食者轉為蔬食者通常不是馬上就能改變的，以循序漸進、不勉強為宜。以下是我們多年來所累積的蔬食飲食推廣經驗與方法，希望對於想進入蔬食領域的朋友會有所助益。

樂在蔬食［1］潛移默化，首先建立良好正確的觀念

好的飲食習慣可以造就健康的身心，人類的各種習慣成就了每個人各自不同的結果和人生。要改變一個人的習慣確實不容易，尤其是很固執的人，千萬不要對他們說教，反而可能會引起反彈或抵抗，不妨先透過閱讀健康蔬食類的書籍，從根本改變觀念，每隔一段時間就在家中醒目方便的地方有意無意地放一、兩本相關書籍，也許某天他們會翻一翻，如此一來，就有機會讓好的觀念潛移默化了。

我們有一個親戚某一回無意間從書架上拿了一本書看完之後，就跟他太太說：「**把冰箱裡的肉全部丟掉。**」從此成為一名蔬食者，知識的影響力由此可知。有了好的觀念之後，還要與有健康理念的人多接近、多互動、多交流，相互鼓勵傳遞好的訊息，獲得良好的精神支持。

樂在蔬食［2］無論家裡或職場都不要擺放有害健康的食物或垃圾食品

「太方便」對人性是一項嚴重的考驗，就像是敞開大門引誘小偷犯罪一樣，應該要避免。

除了要盡量杜絕取得對身體無益的垃圾食物的方便性外，也要努力讓家裡成為「容易吃到健康食物的場所」，例如：每天都準備好已經洗滌乾淨、隨時可以享用的各種可口蔬

果，以取代對身體不好的垃圾食物。

樂在蔬食［3］「空腹」時更要慎選有助於健康的食物

有句話說：「肚皮飽，眼皮就鬆。」空腹時，我們的頭腦會比較清醒，記憶力比較好，味蕾的敏銳度比較高，這時所吃下的食物也很容易被身體吸收。因此，「空腹」是決定健康的關鍵時刻，而空腹時吃的食物就是健康的關鍵所在。

樂在蔬食［4］循序漸進，逐步改變飲食習慣

剛開始，先練習空腹時，只吃水果或生菜。接下來，每天三餐慢慢增加健康料理的份量，初期可保留部分習慣的舊口味，從只有一盤簡單美味的健康菜開始，再慢慢增加各種令人滿足的料理。不知道該從何著手的人可以從本書所介紹的料理入手，例如：照燒素干貝（詳見第一八一頁）、杏鮑菇無奶白醬料理——如白醬焗花椰通心粉（詳見第一八〇

空腹時，可以吃什麼？

- 感覺肚子餓時，先喝一杯不加糖的蔬果汁，或吃一些水果，約半小時之後再用膳。
- 用餐時先吃生菜或水果，再吃其他食物。

只要可以做到以上兩點，經過一段時間之後，您就會發現身體所給予的回饋是很令人驚喜的，例如：排便變得順暢、身體變得更輕盈、膚質變好、比較不容易疲倦等。

頁）、無奶白醬濃湯（詳見第一九一頁），還有吃飯、吃麵搭配的美味酢醬（詳見第一〇八頁）等，都可以讓無肉不歡的人獲得口腹上的滿足。

從減少油膩、油炸和動物性的食物入手，經過一段時間之後，再依此原則慢慢改變。為了幫助大家更容易入門，在這本書裡除了提供各式的美味食譜之外，甚至還保留了一些傳統美食，並且提供許多讓身體零負擔的無油、減油料理，以及健康的烹調法。

改變飲食習慣其實沒想像中的困難，多加強做菜的功力，絕對有很大的幫助。再健康的好食材也要做得好吃，家人才願意捧場、快樂享用，達到真正口惠又食（實）至的效果。

食材新鮮、料理好吃，大家才會捧場、快樂享用。

穀物蔬食「聰明採買」

採買是一門大學問，尤其是食材，買得不好，可是會直接對健康有不好的影響。在我們家，雖然大部分的食材都可以自給自足，但難免偶爾會有些額外的需要，例如桂圓、紅棗、枸杞、豆類製品或各種堅果、米糧等，我們的採購大原則是盡量選擇信譽良好、可信賴的商家，其次是仔細挑選。以下便是我們家的採買小撇步提供參考。

精挑細選 [1] 豆類製品

豆腐、**豆乾**、**豆包**、**腐竹**等都是容易酸敗的東西，購買時要找信譽好，並且有冷藏、冷凍設備的店家，買回家後也要盡早放入冰箱中保存較好。對於乾燥的豆類製品也不要隨意放在室溫下收藏，如腐竹，雖然是乾燥食材，但在比較潮濕的季節和地區，買回家未用完的還是要放入冰箱中保存，以免發黴。

若長時間將豆類製品放置在室溫下，卻沒有酸敗現象的話，極有可能是添加防腐劑，要避免購買這類的豆製品。

任何豆類製品都要放入冰箱冷藏、冷凍，才能保持新鮮，避免受潮、發黴。

精挑細選〔2〕新鮮菇類

選購**菇類**時宜挑選外觀飽滿挺拔、氣味清香、沒有褐變的為佳品。若形體變軟，外觀看起來軟趴趴的、表面有不規則點狀或片狀的褐色，就表示已經不新鮮了。

一般在市場散裝販賣的鮮菇類，因為沒有冷藏保鮮，又一再用手抓取，較易失去鮮度而影響風味，所以購買時，宜選擇包裝完整、有保鮮設備的商家為佳，但是也要注意菇類的色澤和新鮮度，避免買到陳列多時的舊貨。

精挑細選〔3〕乾貨

購買散裝的**香菇**，要先聞聞看有無乾香菇特有的香氣，再用手觸摸看看是否夠乾燥；如果摸起來軟軟，就表示香菇已經受潮、吸收了濕氣，風味也會稍差，要避免購買。不過，近年來食安問題沸沸揚揚的，因此我們家使用的乾香菇，都是採買新鮮的香菇，利用冬季電暖爐低溫烘乾而成，這樣吃起來比較安心，做起來也不費工。

紅棗要盡量挑選當季、本產（如苗栗公館每年七月下旬是紅棗的產季）的新鮮紅棗，趁新鮮日曬，夏天曬約三~五天，一天翻動一次，幫助曝曬均勻，曬好後帶青色的紅棗會自

買新鮮菇類時要挑選肉質飽滿、清香、無褐變的。

動變紅，變成大家常見的紅棗。

我們家用的**枸杞**買回來後，會先裝在大盆子裡，用清水沖兩、三回，不要浸泡，以免爛掉；洗好後，把水瀝乾，再分裝成小包裝，放進冰箱冷凍，每次要用時只拿一小包出來，不須解凍，可直接使用。

昆布要挑選顏色濃綠、肉質寬厚、表面稍微有些白霜的（昆布表面的白霜是甘露醇，是昆布甜味的來源，放得愈久，白霜愈多）。昆布買回家後要密封起來，並且存放於乾燥、陰涼的地方，避免照到光線或受潮。使用之前，不需要用清水沖洗，用廚房紙巾或拿塊乾淨的乾布擦拭乾淨後，直接將昆布放入水中煮開即可，如此可避免昆布的美味流失。好的昆布味道清香，煮湯後，湯清、味甜，沒有腥味。

煮過高湯的昆布還可以做滷昆布、海苔醬等料理。

如何煮出一鍋美味的昆布高湯？

- 以昆布10克加冷水1公升同煮，煮開後轉成小火，再煮10分鐘即可。
- 煮過的昆布可以直接浸泡在湯中，不需要特地撈起來。不用時，整鍋高湯連昆布一起放冰箱冷藏，等下回要用時再加清水煮即可，如此可以連續煮二～三次高湯。
- 煮過高湯、已沒味道的昆布不要浪費，可以拿來做其他料理，如滷昆布、做海苔醬等，都很好吃。

精挑細選[4] 堅果、穀物、藻類

堅果、**穀物**、**藻類**等最怕受潮，因此購買時宜挑選包裝完整的真空包裝比較不容易受潮或長蟲；此外，也要注意賞味有效期限。

若是買散裝的，最好先以手挑一些試試看有沒有受潮現象，除此之外，還要聞聞看，新鮮的食物味道應該是香的，特別是堅果類，如果味道不香就不要買了。

海帶芽要挑顏色自然，沒經過染色的。如何判斷是否染過色？就是將海帶芽用水泡開後，觀察泡海帶芽的水是否出現不自然的顏色，譬如水的顏色太綠。保存海帶芽最好的方式是放冰箱冷藏，並保持乾燥。

花生要購買本地生產的，找認識、可信賴的農民購買是最好的，再不然也可以跟在地的農會購買，盡量避免購買進口的。我們通常會在花生產季多買一些新鮮帶殼的花生，沒用完的就放冰箱冷凍。新鮮帶殼的花生可冷凍存放一年，不帶殼約半年。吃的時候，不須先解凍，但可帶殼直接烤（放烤箱烤至外殼有點微黃），會比較容易剝殼。

購買穀物、堅果等食材要注意有沒有受潮現象。

精挑細選［5］蔬果類

蔬菜、**水果**要以當季、在地的為首選。一來價格便宜，二來營養、新鮮又美味。購買時，首先透過目視或觸摸，檢視外觀是否新鮮、挺拔且完整。其次，要注意是否蒂頭或葉片等有無乾枯、萎縮等，若有即表示採收後囤放的時日較久，當然比較不新鮮。

為了健康著想，若能購買有機的蔬果是最好的，或者要避免買非當季或連續採收的豆類及瓜果類蔬果（如小黄瓜、豆莢、小番茄等），避免容易有農藥殘留的問題。另外，太肥美的蔬果也要避免，以免有肥料殘留的問題。

最好是常常變換種類，同樣的食材不要長期吃，如果不是有機的，盡量不要都跟固定的菜攤購買固定的蔬果。

購買當季、在地的蔬果，既便宜又營養、美味。

穀物蔬食「處理&保存」

不管是山上的家或台北的家，只要有空地或空間，我們就會隨手種植各種蔬果或香草植物，日常飲食也都以當季盛產的蔬果為主，只要是家裡有的就不需要採買；再者，近年來我們夫妻倆早就不再囤積各種食物，總是有什麼吃什麼，即使在盛產期也不會將多的食材採下來冷凍或醃漬等，一切食材都以天生天長的為主，所以在食材的保存上比較重視新鮮的蔬果食材，保存期限也不會拉得太長，任何食物總是以新鮮現吃比較好！

聰明收存 [1] 豆類製品

豆類製品買回家後要盡速冷藏、冷凍，才可以保持新鮮度。

包裝完整的**盒裝豆腐**或**真空包裝的豆乾**，買回家後直接放進冰箱冷藏即可；若是**散裝的板豆腐**，買回家後要先以清水沖洗乾淨，再加入過濾水淹過豆腐，收入冰箱冷藏，要是短時間內用不完，可以兩、三天換一次水，如此可保存很多天不壞，但是豆腐的香氣會減少。

如果冰箱裡太擁擠，擺不下大塊的板豆腐時，可以將板豆腐以清水沖洗過之後，橫剖成大約兩公分厚度，每片豆腐上下都抹上鹽巴，放入保鮮盒冷藏。鹹豆腐烹調時不需要再加鹽巴（如果太鹹，可以在煮之前先泡水，稀釋鹽分）；小時候，家裡沒有冰箱，都是吃這種鹹豆腐，非常下飯呢！

新鮮的生豆包可以說是濃縮的優質蛋白質，但這類高蛋白質食物不耐室溫，所以買回家之後最好馬上收入冰箱冷藏，並且當天食用完畢，否則應即刻分裝冷凍，每次使用時只取需要的用量解凍，就不會因重複解凍導致豆包酸壞。

聰明收存 [2] 新鮮菇類

新鮮的菇類不可以碰到水，烹調前也不要用水洗，因為洗過水的菇類會吸收很多水分，烹煮後風味盡失，尤其是做煎、烤、炸等調理時，菇類原有的香氣會消失，因此在購買時要盡量選購乾淨、新鮮的。如果沾有泥土，用廚房紙巾或乾淨的布擦拭乾淨或切掉即可。

若一次吃不完，可以收入保鮮盒後置入冰箱冷藏保存。底部墊一層廚房紙巾後放新鮮菇類，上面再覆蓋一張紙巾，吸濕氣，蓋上蓋子，放冰箱冷藏。大約可放一週，隔兩天檢查一次，如果紙巾有溼，立刻換新，蒂頭不用切。

新鮮菇類千萬不能過水洗，以免吸水流失風味。

聰明收存 [3]
乾貨

不要以為是乾貨，就可以直接放在室溫下長久保存，最好的保存方式還是冷藏或冷凍。例如每年我們都會將**新鮮曬乾後的紅棗**放冷凍保存，以維持良好風味與營養，如此可保存約一年之久。

聰明收存 [4]
堅果、穀物、藻類

舉凡**堅果**、**穀物**、**藻類**等食材最怕潮濕，因此雨季或較潮溼的地區，應特別注意，最簡單的方法就是買回家後，直接送進冰箱中冷凍或冷藏，像我們家，就是這

山居生活必需大型冷凍庫，它是保鮮食材的重要家用電器。

新鮮香菇放在葉片電暖爐上面，便可烤乾，變成乾香菇。

乾香菇DIY的妙方

因為擔心市售的乾香菇會有二氧化硫的殘留問題，所以我們家的乾香菇都是自製的，一次購買多一點的新鮮香菇，冬天時，利用電暖爐慢慢烘乾；夏天時，則直接放在陽光下曝曬，約一週就可以大功告成了。

重點在於新鮮香菇不可以用水洗，若有污土附著，用紙巾或乾淨的乾布擦乾淨，千萬不要碰水。

麼做，尤其購買的量較多，一個月內吃不完的話，還會按照每次的使用量，事先分裝好再冷凍保存，之後要使用時才會方便取用並且節省烹飪的時間。

聰明收存［5］蔬果類

新鮮蔬果以購買季節盛產的為佳，一則價格親民，再則風味較佳；非季節性的蔬果在風味上，總是不如正值盛產期的美味。

我們家習慣將採買回來的蔬果全部一次清洗乾淨，再整理好、冷藏。

蔬果買回家後，我習慣一次全部清洗乾淨，因為洗菜要花的時間是省不了的（我的習慣是：有機蔬果洗三次，非有機的則洗六次），與其每次要用時都得花大把時間清洗，不如一次洗好較乾脆，如此，之後要料理時，就可以大大縮短煮食的時間了。

洗好的蔬果一定要瀝乾並存放在鋪有瀝水網的保鮮盒中，蓋好蓋子，千萬不能讓清洗好的蔬果浸在水漬裡。這麼做，除了地瓜葉、西洋菜等葉子較易變黃、必須在兩、三天內使用完畢的葉菜類外，其他蔬果保存一個星期、甚至更久，應該是沒有問題的。收藏好的蔬果每隔一、兩天就要檢查一下，如果下方有積水，就要把水倒掉，以免水漬沾濕了蔬果，容易導致腐爛。

不讓蔬果擠爆冰箱的小技巧

每次上菜市場都會被琳瑯滿目的新鮮蔬果牢牢吸住目光，總有一股衝動，想把觸目所及的蔬果通通帶回家，因此每上一回市場，都會帶回許多不在採買名單上的蔬果，如何整理、保存便成為回家後要面對的課題，以下便是我的小撇步，希望會對大家有幫助喔！

【番茄】（各品種皆適用）不妨在番茄的盛產期間大量採購，清洗乾淨後、瀝乾，並完整密封好，直接冷凍起來，全年都可以享用鮮甜的番茄，而且只要退冰，即可快速剝去番茄皮，非常方便。

【根莖類】根莖類一般比較耐放，冬天天冷時可以放在室溫下的沙土中，但是須注意，台灣氣候比較潮濕，馬鈴薯在冬天還是必須冷藏才不致發芽。地瓜則是一年四季都不需放入冰箱，冰過的地瓜無法煮得鬆軟可口。

【白蘿蔔】買回家後，如果兩、三天之內用不完，要將莖葉的部分切除乾淨再放入冰箱冷藏，若不切除則會繼續長出新葉，致使蘿蔔變成空心。

【黃豆芽和綠豆芽】用過濾水泡著（水要淹過豆芽）冷藏，每三天換一次過濾水，根據個人經驗，這樣可以多放幾天保持顏色漂亮。

原味蔬食「健康烹調」

我們家的粗食變化料理法

瓜果類
①如：四季豆、長豇豆、荷蘭豆、玉米、番茄、花椰菜、茄子、蘆筍、絲瓜、瓠瓜、南瓜、冬瓜、秋葵、高麗菜、大白菜、小黃瓜等可以用清燙、清蒸、滷、煮、烤、燉、紅燒、燙拌等方式調理。
②如：番茄、花椰菜、茄子、絲瓜、瓠瓜、南瓜、冬瓜、高麗菜、大白菜、小黃瓜等可涼拌生食。
葉菜類
①結合書中介紹的醬料，做成生菜沙拉。
②以生菜葉片包或盛著熟食吃。
③用昆布高湯清燙，會更香甜。
④利用其他料理剩下的紅燒湯、滷汁等來燙菜。
根莖類
①如：蓮藕、牛蒡、洋地瓜（豆薯）、地瓜、甜菜根、白蘿蔔、大頭菜等可以涼拌生食或蒸、滷、炒、燙、烤等方式調理。
②如：馬鈴薯、芋頭等則可以用蒸、滷、炒、烤或以昆布高湯燙煮等方式調理。

「清燙」可以說是大家最熟悉又方便的原味蔬食料理方式，可是餐餐都是清燙，吃久了也會膩。要透過飲食獲得健康，就要料理出健康又美味的食物，才能引起人們改變飲食習慣的動力。在我們家，即使是同樣的食材，我們也會想方設法地利用各種不同的料理方式變化出各種美味料理。在我們家，即使是清燙蔬菜，也都會用昆布高湯。

天氣好的時候，我們就在樹下野餐，品嚐美味的食物。

原味蔬食「幸福滋味」

聽說飢餓是最好的調味料，但對於像我們夫妻倆這樣愛吃又愛煮的人來說，幾乎是沒有餓肚子的機會，每次都是剛吃完一餐就開始討論下一餐要吃什麼。其實，我們知道，餓一下肚子，對身體是有益的，但是每次都是美食占了上風，為了不增加身體的負擔，我們不斷地研究如何以天然食材做出健康美味的料理。

地球上可供食用的蔬果無以計數，只要稍微留意一下各種蔬果的風味和特性，利用它們的特性，就可以讓料理產生不同的變化，讓味蕾獲得無限的滿足。

美味是無止境的，會因不同的人、事、時、地、物而有所變化，所以美味可以是很具體，也可以是很抽象的。歡喜和奉獻的心是美味的第一要件，然後才能有更多美好的延伸。

穀物雜糧如何煮才好吃？

五穀雜糧可以提供身體充沛的體力。小時候，常聽大人說：「要吃飯，才會有好體力」，後來才知道五穀米飯的重要，但是現代人的飲食選擇太多了，以至於大多數的人只選擇吃好吃的，而不是選擇對身體有益的食物。尤其是已經習慣QQ軟軟白飯的人，要改

吃五穀雜糧，就需要透過一些方法來讓家人更容易接受與喜歡。

・**紅米**、**黑糯米**、**燕麥**、**大麥**、**小麥**、**薏仁**、**紅豆**、**黃豆**、**黑豆等**：買回家後可以先洗淨，然後倒入一：一的水，用電鍋預煮過後，再分裝成小包冷凍，每次煮糙米飯或白米飯時，加入一份拌勻一起煮（因為已經煮過一遍，所以再煮時不用多加水量。至於糙米與水的比例大約是一：一．三，若是新米，則米和水等量即可，因為新米比較軟）。

・**蕎麥**、**綠豆**、**小米**、**扁豆等**：買回家後，不需要預煮，只要妥善保存即可。煮時，同糙米或白米一起洗淨下鍋煮即可，與水的比例約一：一。

蒟蒻如何處理？

製作蒟蒻時，通常都會使用鹼來幫助凝固，所以蒟蒻買回來之後，如果

用心煮，五穀雜糧可以比白米飯更美味。

黃豆乾燥製品只要利用八角、五香粉、花椒等辛香料就可以去除豆腥味。

不急著料理，不妨先切成要使用的形狀後，浸泡冷水約兩、三天，然後每天換清水二～四次，等要用時，再加少許水和醋煮滾一下即可。

若是買回家後馬上要料理，就切小塊或切薄片，再以多量的水和少許醋煮約十分鐘之後再使用。

如何讓蒟蒻輕鬆煮入味？

方法①：蒟蒻在未切形之前，先以叉子或牙籤戳一戳（若是要切成薄片，則不用戳）。

方法②：將蒟蒻切成薄片。

方法③：在蒟蒻切片上淺淺地斜切刻花成像魷魚花一樣的紋路。

方法④：將燙過水的蒟蒻乾炒至表面無水分（用鏟子壓會有吱吱的聲音）。

以上任何一種方法皆可讓蒟蒻容易入味。

豆味如何去除？

以黃豆所製作的素肉，如乾燥的素肉塊、素肉絲、素肉片、素碎肉等，如果沒有處理好豆腥味，就不容易煮出美味的料理。

要去除豆腥味其實很簡單，只要加入辛香

料，如八角、五香粉、花椒、豆蔻、肉桂、當歸、川芎、迷迭香、檸檬葉、香茅、月桂葉等一起燙煮過，再清洗兩次，擠乾水分，即可去除掉豆味，通常我會看廚房裡有什麼材料就用什麼，並不會刻意去買。

料理美味蔬菜的條件

- 靈敏的味蕾（小部分是天生的品味，大部分靠後天的經驗和訓練）。
- 對食物有研究的精神。
- 對各種不同的蔬果、穀物充滿好奇。
- 對料理充滿熱誠。
- 喜愛享受美食。
- 樂於分享食物。
- 樂於以食物奉獻、侍奉他人。

粗食原味技巧的天然調味料來源

香味 各種香草，如香菜、九層塔、芹菜、薄荷、紫蘇、迷迭香、檸檬葉、香茅、月桂葉等，以及八角、花椒、豆蔻、肉桂、當歸、川芎等中藥材。

酸味 任何有酸味的蔬果，如檸檬、金桔、羅望子、洛神花、酢漿草等。

甜味

各種水果及乾果，如蘋果、柳丁、橘子、鳳梨等，或是紅棗、蜜棗、羅漢果。

酸酸甜甜的味道

芒果、百香果、鳳梨、奇異果、金棗、番茄等。

辣味

具有不同辣度的辣椒、山葵（哇沙米）、薑、胡椒、白蘿蔔、洋蔥、蒜頭、芥菜、木瓜籽等。

Part 3

塘塘&早乙女老師

分享幸福蔬食

幸福手作 金桔果醬

金桔在盛產季節時風味特別好，價格也比較便宜，用金桔調製各種醬汁，其味美更勝檸檬。近兩年來山上野放的金桔已開花結果，因為氣候涼、溫度低，結果期比較長，所以酸度稍低，還略帶微甜。心血來潮時，我總會採下橙黃色的果實，備一盆在餐桌上，以方便隨手取食，當作解饞的零食，不知它能不能減肥，但我知道吃了確定不會變胖，是讓我很開心的美味水果之一。

適用	抹醬（麵包、貝果） 祛寒茶飲 生菜沙拉沾醬（加入薑泥、醬油、水等） 沾食生菜
保存	密封好，冷凍保存可存放1年，冷藏可放1個月。每次取食的湯匙要擦乾淨，不要沾到水氣可以保存更久。
應用	P.196〈大地黃金祛寒茶〉 P.208〈法式素蛋吐司〉

材料

金桔1kg、水700cc

調味料

黃砂糖170g、麥芽糖70g、海鹽1小匙、膠凍粉2大匙

作法

1 金桔用軟刷清洗乾淨，剝除果皮、去籽，留下70g果皮及全部果肉，備用。

2 取一個湯鍋，加入水700cc煮沸，再投入70g果皮煮約3分鐘（去除苦味），撈起果皮瀝去水分，備用。

3 將果肉放入果汁機內，以瞬間功能攪打兩三下，再倒出來檢查，將殘留的籽挑除乾淨後，再倒回果汁機內，連煮過的果皮也一起加進去攪打至綿細。

4 將作法3倒入3公升的厚底湯鍋中，加入黃砂糖、麥芽糖、海鹽、膠凍粉，以小火一邊煮、一邊攪動，熬煮至濃稠狀（約20分鐘），即可熄火。

5 在涼之前攪拌兩次，待涼之後，裝入密封的玻璃瓶（或玻璃保鮮盒），放入冰箱冷藏保存，即成。

多用途 冬瓜果醬

在蔬菜豐收的季節時，有一位好朋友送了一大塊冬瓜給我。分享的心意總是將冰箱塞滿了各種果瓜菜蔬，等我再次發現這塊冬瓜，它已經在冰箱冷藏了一個禮拜。於是，我努力思索要如何將這塊冬瓜的美味做最大的發揮，經過兩次試做才成就此道醇香濃郁的美味果醬，用來塗麵包、拌爆米花都美味至極，甚至可沖泡成不用久煮又沒有添加物的速成冬瓜茶。

適用	● 抹醬（口袋麵包、吐司、法國麵包、蘇打餅乾、饅頭、鬆餅、沾熟透香蕉） ● 茶飲（冷熱飲皆宜）
保存	密封好，冷凍可保存1年，冷藏可放1個月。每次取食的湯匙要擦乾，不要沾到水氣可以保存更久。
應用	P.204〈無油健康爆米花〉 P.208〈法式素蛋吐司〉

材料

冬瓜連皮帶籽1斤（600g）

調味料

黑糖1斤（600g）

作法

1. 用菜瓜布將冬瓜皮刷洗乾淨，連皮帶籽，切小塊，用果汁機先以瞬間功能攪打至出水，再按高速鍵攪打至綿細。
2. 倒入厚底的小湯鍋，以小火（一邊煮、一邊攪動），約煮滾3分鐘。
3. 再加入黑糖（繼續用湯匙慢慢攪動），以小火煮約5分鐘至濃稠狀，即可熄火，待涼之後，即可裝入密封的玻璃罐保存。

補血
甜菜根果醬

紅甜菜根是女性及素食者最優質的天然補血來源之一，當我們第一次用甜菜根試做紅澄澄果醬時，夫妻倆一邊忙著試吃，一邊討論著是不是要再加入膠凍粉或洋菜粉，讓它的口感更像果醬，沒想到在冰箱放了一個晚上之後，再拿出來吃，就吃到類似果醬般滑順和凝膠的感覺了，所以就這樣簡單地完成好吃的甜菜根果醬，補血又健康！

適用	● 抹醬（口袋麵包、吐司、法國麵包、蘇打餅乾、饅頭、鬆餅等）
保存	密封好，冷凍保存可存放半年，冷藏可放約2個星期。每次取食的湯匙要擦乾，不要沾到水氣，可以保存比較久。
應用	P.208〈法式素蛋吐司〉

材料

去皮甜菜根300g、水300cc、檸檬汁1.5大匙

調味料

黑糖300g

作法

1. 甜菜根切成小塊，放入果汁機，加入水攪打至綿細。
2. 再倒入厚底的小湯鍋，加入檸檬汁，以中火（一邊煮、一邊攪動），煮約10分鐘。
3. 放入黑糖（繼續攪動），以小火煮約15分鐘至濃稠狀，即可熄火，待涼之後，裝入密封的玻璃罐保存（要等隔天之後再開封，吃起來風味更佳）。

低熱量 水果美乃滋

無油、無奶又無蛋的美乃滋，吃起來有優格的口感，可用來沾食生菜、馬鈴薯、酪梨、口袋麵包、法國麵包、三明治等，是多用途的變化料理哦！只要按照這個配方製作，無須擔心有人會抗拒素食，做一次就停不下來的好醬，利用週休假日來試試看吧！

適用	● 抹醬 ● 生菜沙拉沾醬
保存	密封好，冷凍保存可存放2個月，冷藏可放1星期。每次取食的湯匙要擦乾，不要沾到水氣可以保存更久。
應用	P.120〈南瓜水果沙拉〉

材料

烤熟的腰果60g、鳳梨100g、冷開水100cc

調味料

海鹽1/2小匙、檸檬汁1/3顆、黃砂糖3大匙

作法

將全部的材料放入果汁機中，以高速攪打至綿細，倒入容器即成。

香濃滑順 堅果美乃滋

適用	● 拌馬鈴薯沙拉 ● 生菜沙拉沾醬 ● 抹醬（麵包、三明治） ● 拌麵、拌飯 ● 焗烤通心粉
保存	密封好，冷凍保存可存放半年，冷藏可放約2個星期。每次取食的湯匙要擦乾，不要沾到水氣，可以保存比較久。
應用	P.101〈素鮪魚醬〉

材料

腰果100g、夏威夷果30g、無糖豆漿（或冷開水）200cc

調味料

海鹽7g、黃砂糖2大匙、糯米醋3大匙、黃芥末醬3大匙

作法

將所有材料與調味料一起放入果汁機中，以高速攪打至綿細後，倒入容器，即成。

自製 健康沙茶醬

對於一個嗜吃蔬菜如我者，吃火鍋可真是一大樂事，唯一美中不足的是市售沙茶醬在食用後容易引起口渴，所以我們在家吃火鍋時，都會自行調製美味又好吃的沙茶醬，甚至用它來炒飯、炒麵或拌涼麵，也是無敵美味的喔！

材料

白芝麻粉1/2碗、熟黑芝麻2大匙、切碎香菜1/2碗、辣椒切薄片1支

調味料

醬油膏4大匙、番茄醬2大匙、黃砂糖2大匙、香油2大匙、香椿嫩芽醬2大匙

作法

將全部材料及調味料放入容器中，攪拌均勻即成。

適用	火鍋沾醬 生菜沙拉沾醬 燒烤醬 炒飯、炒麵 拌涼麵、拌青菜
保存	密封好，冷凍保存可存放半年，冷藏可放2星期。每次取食的湯匙要擦乾，不要沾到水氣可以保存更久。
應用	P.125〈涼拌芒果瓠瓜〉

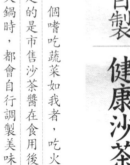

零失敗 神奇燒烤醬

有一次早乙女老師做了一道燒烤風味的油豆腐，當場讓眾人讚不絕口，拍手要求釋出配方教學，沒想到它的作法簡單到讓人跌破眼鏡。不過，以我多年料理的心得判斷，用同樣的材料卻不按照比例調配的話，即便是原創者，也會有味道走樣的情況發生，所以對於簡單做的料理也不要輕忽細節喔！

適用	燒烤醬 炒飯、炒麵 煎油豆腐、杏鮑菇、筊白筍 炒四季豆
保存	密封好，冷凍保存可存放1年，冷藏可放1個月。每次取食的湯匙要擦乾，不要沾到水氣可以保存更久。
應用	P.172〈超人氣碳烤風味鮮蔬〉

材料

香椿嫩芽醬2大匙、黃砂糖2大匙、醬油膏2大匙、番茄醬4大匙

作法

將全部材料放入容器中，攪拌均勻即成。

濃純 杏鮑菇無奶白醬

適用	拌義大利麵 煮濃湯 煮粥 焗烤蔬菜、飯、麵 可樂餅沾醬
保存	做好的白醬可以分裝冷凍保存，任何時候都能夠快速做出營養又美味的料理，非常方便。密封好，冷凍保存可存放1年，冷藏可放1星期。
應用	P.175〈無奶白醬焗南瓜甜菜根〉 P.180〈白醬焗花椰通心粉〉 P.191〈無奶白醬濃湯〉

材料

烤熟腰果80g、昆布高湯1100cc（作法詳見P.110）、杏鮑菇60g、中筋麵粉80g、月桂葉2片（小片則多加一、兩片）

調味料

葡萄籽油2大匙、粗顆粒黑胡椒粉1小匙、海鹽1.5大匙

作法

1 烤熟腰果加昆布高湯，以果汁機攪打至綿細，即成「腰果奶」。

2 杏鮑菇用乾布擦乾淨，切碎，放入厚底湯鍋，以葡萄籽油小火炒至乾酥。

3 加入中筋麵粉、月桂葉，一起拌炒至香味出來。

4 將作法1徐徐倒入湯鍋中，一邊倒入、一邊以打蛋器攪拌（中間需用炒菜鏟子將鍋底外圍直角地方的麵糊刮出來一起攪拌）。

5 腰果奶全部加入之後，再放入粗顆粒黑胡椒粉、海鹽，以小火煮約1分鐘，熄火，再將月桂葉夾出丟棄。

烹調技巧

＊乾杏鮑菇DIY：杏鮑菇可以買多一些，以調理機切碎（如黃豆大小），再用烤箱低溫100℃烤乾（若有太陽，可用自然日曬處理至乾燥狀態），再裝瓶移入冰箱冷藏保存，方便隨時使用。

經典 素油蔥

材料

老薑末2大匙、紅蘿蔔末2大匙、芹菜葉末2大匙、香菜末2大匙、艾草末2大匙、魚腥草葉末2大匙、八角1/2粒、黑麻油1/2碗

作法

1 用乾鍋將老薑末、紅蘿蔔末炒至略乾。

2 再加入黑麻油以外的其他材料，炒乾水分。

3 倒入黑麻油，以中火炒至香酥，取出八角，即成。

適用	拌麵 拌飯 拌豆腐 拌水煮青菜
保存	密封好，冷凍保存可存放半年，冷藏可放1個月。每次取食的湯匙要擦乾，不要沾到水氣可以保存更久。
應用	P.167〈乾拌鮮蔬河粉〉

烹調技巧 ＊材料必須先炒乾水分，再加入黑麻油，就可以縮短油的加熱時間，是一種更健康的烹調方法喔！

百搭素鮪魚醬

有次到日本旅遊，一位日本好友與我們分享她的美味配方，作法十分簡單，而且吃起來超級有滿足感，可以用來做很多種變化料理，是一道人人都會愛吃的美味醬料。

適用	麵包抹醬 包壽司捲 包飯糰 包蔬菜捲
保存	密封好，冷凍保存可存放2個月，冷藏可放1星期。每次取食的湯匙要擦乾，不要沾到水氣可以保存更久。
應用	P.213〈素鮪魚蛋餅捲〉

材料

豆腐渣70g、番茄醬30g、黃芥末醬1/2大匙、堅果美乃滋80g（作法詳見P.95）

調味料

海鹽1/4小匙、粗顆粒黑胡椒粉1/4小匙

作法

將全部材料及調味料放入容器中，攪拌均勻即成。

烹調技巧

＊在日系超市採買的豆腐渣水分含量較少（機器種類的關係），可以直接使用製作，而一般豆腐工廠所生產的豆腐渣，通常會比較濕，因此記得用棉布袋裝起來，擰掉水分，乾炒1～2分鐘再開始製作。

元氣 香椿黑芝麻醬

材料

黑芝麻醬4大匙、香椿嫩芽醬2大匙

調味料

醬油2小匙、醬油膏2小匙、辣油2小匙、烏醋2小匙

作法

將全部材料及調味料放入容器中，攪拌均勻即成。

適用	麵包抹醬 拌麵 湯品調味 蔬菜佐醬
保存	冷藏可放2天，因為拌過調味料的芝麻醬容易降低香氣，宜盡早食用。
應用	P.167〈乾拌鮮蔬河粉〉

烹調技巧

- 黑芝麻醬DIY：黑芝麻的用量大約要超過果汁機的刀片5公分（黑芝麻的量太多或太少都不好打），以瞬間功能攪打，剛開始打時要邊打、邊翻動，等到出油時，就可改用高速功能攪打至綿細狀即成。
- 黑芝麻要用炒熟的，也可以添加適量的堅果（如：腰果、核桃、南瓜子、松子或自己炒的花生），用量大約是黑芝麻的1/6左右。

超簡單 極香辣油

自從食安危機連環爆之後，我和旱乙女老師便經常在家裡研究無油料理，有時烹調出來的菜餚口味稍嫌清淡，不甚合口時，只需滴入數滴極香辣油，也能創造令人回味無窮的口感，超簡單的製作步驟，可以輕鬆滿足一家大小挑剔的味蕾，特別是吃麵的時候一定不能沒有它。

適用
- 拌麵
- 湯品調味
- 菜餚佐醬

保存
冷凍保存可存放1年，冷藏可放1個月。每次取食的湯匙要擦乾，不要沾到水氣可以保存更久。

應用
P.217〈脆烤養生鹹豆漿〉

材料

辣椒粉4大匙、花椒粉1大匙、小茴香粉1.5小匙、香油8大匙

作法

全部材料放入小湯鍋中，以小火燒滾，即成。

鮮食感 越南生菜醬

數年前造訪越南時，曾參觀了米皮、細米粉、素火腿、素魚露等工廠，當地每家越南餐廳皆有賣越南生菜捲，主角就是這個醬汁，醬汁中必添加素魚露，當我們用完餐時，總要以檸檬水洗手，才能避免魚露味停留在指縫間鎮日不消，經越南朋友的傾囊相授，我們後來省略素魚露，口感也十分美味，在食欲較差的漫長夏季裡，這個越南生菜捲可說是無人不愛、無人不讚嘆的美味佳餚哦！

適用	生菜佐醬 涼麵佐料 沙拉飯醬汁
保存	夏季可以多做一些，裝在玻璃罐中，放入冰箱冷藏，可保存1個月，隨時享用。
應用	P.170〈越南鮮蔬生菜捲〉

材料

昆布高湯1杯（200cc）（作法詳見P.110）、香菜1/2碗、辣椒切碎1大匙

調味料

素蠔油4大匙、香油1大匙、黃砂糖3大匙、糯米醋2大匙、檸檬汁2大匙、海鹽1/2小匙、香椿嫩芽醬1小匙

作法

將全部材料及調味料放入容器中，攪拌均勻即成。

烹調技巧

＊可依個人的喜好，選擇性加入油蔥、蒜泥、素魚露任一種或全部，以變化風味，醋和檸檬汁也可以只選用一種（但是要兩種材料的份量）。

私房 韓國泡菜醬

這道美食的由來是因應遠道來上課的學員要求學習韓國泡菜，而研究出來的泡菜醬，相較於傳統韓國泡菜製作時的繁瑣和費時，這款泡菜醬具有省時、快速、美味、酸度安定等優點，有了它，連小孩子都可以快速做出炒飯、炒麵、炒年糕、煮湯麵、米粉、冬粉等料理，更神奇的是風味完全不遜於傳統的韓式泡菜，真是美哉！

適用	炒年糕 炒飯、炒麵 煮湯麵 炒米粉、炒冬粉 醃漬速成泡菜
保存	韓國泡菜醬做好之後，可冷凍保存，任何時候想吃韓國炒飯、炒麵、炒年糕、煮湯麵、火鍋、煎烤和醃漬各類泡菜，皆十分快速方便。
應用	P.140〈速成韓國泡菜〉

材料

韓國粗粒辣椒粉2大匙、韓國細辣椒粉2大匙、黃砂糖2大匙，米醋1大匙、薑泥1大匙、醬油3大匙、蘋果泥3大匙、蒜頭泥2大匙（可選擇性使用）

作法

將全部材料放入容器中，攪拌均勻即成。

採買需知

＊韓國辣椒粉有分粗粒及細狀，這兩種產品可以到新北市永和區中興街（俗稱韓國街）採買，大型的超市也有販售，但通常只有賣顏色深紅的粗粒韓國辣椒粉，只用這個調味也是可行。

家常美味酢醬

很多朋友吃了這道美味酢醬之後，一直遊說我們做出來販售，早乙女老師也會叮嚀我要隨時做一些冷凍，以備不時之需，因為可以隨時拿來乾拌麵條；這道酢醬也是最佳的飯友，極適合搭配生菜，可以讓生菜吃起來像是炒過的，是進入蔬食飲食的入門好醬。

適用	拌麵 拌青菜 以生菜包夾 炒素回鍋肉
保存	密封好，冷凍保存半年，冷藏保存1個月。每次取食的湯匙要擦乾，不要沾到水氣可以保存更久。
應用	P.164〈美味酢醬拌麵〉

材料

紅蘿蔔80g、老薑末10g、香菜40g、小豆乾200g

調味料

香油4大匙、七味辣椒粉1/2小匙、醬油2大匙、豆腐乳醬（或甜麵醬）150g

作法

1 紅蘿蔔洗淨，連皮切0.5公分小丁；香菜洗淨，切碎；豆乾切1公分的小丁。

2 老薑末先入乾鍋以中火炒約1分鐘，加入紅蘿蔔丁炒乾水分，再放入香菜末、小豆乾丁炒乾水分。

3 加入香油、七味辣椒粉拌炒約1分鐘（至老薑、香菜有散發出乾香味）。

4 倒入醬油拌炒均勻，最後加入豆腐乳醬拌炒均勻，即成。

烹調技巧 ＊陳年豆腐乳整罐連豆麴、湯汁一起放入果汁機攪打至綿細，即成「豆腐乳醬」。

粗食珍味各式高湯

最簡單的昆布高湯

嚴選優質的昆布來做高湯，煮出來的湯汁清澈，且散發著自然的清香味，作法簡單又方便快速，取昆布十克＋水一〇〇〇cc煮沸，再以小火煮5～10分鐘即可使用。高湯用完，還可再加水續煮第二次，而煮過的昆布可用來滷、炒或涼拌，完全利用，毫不浪費食材，一舉數得。

省能源的鮮甜高湯

嚴選優質的昆布、有機乾香菇加入適量冷水，浸泡一晚即是一味清甜淡香的高湯。氣溫較高時，要放入冰箱冷藏隔夜。

極美味的營養高湯

以黃豆和昆布搭配，結合蛋白質和礦物質的濃濃胺基酸香味，做任何湯頭都兼具香味和甜味。作法是先將黃豆洗淨泡水一晚，瀝乾水分，再加入新水和昆布一起熬煮約一小時即成，因為熬煮時間稍長（須熬煮至黃豆變軟），可一次煮大鍋，再分裝冷藏或冷凍，隨時方便取用；而煮過的黃豆可用於滷、煮、炒、拌等料理中，還有煮過的昆布已變軟，可打成泥狀，加入一些菇類和其他材料煮湯，營養又美味。

最環保的能量高湯

大部分的人洗菜時，通常會將紅蘿蔔、白蘿蔔、牛蒡、番茄、大頭菜、南瓜、冬瓜（籽、囊）或菜梗的頭或尾切掉、外皮削除，或將花椰菜、高麗菜、大白菜等的菜心丟除，實在很可惜，留下來煮高湯，滋味鮮甜。但要注意，不要使用深色蔬菜（除了製作醬色滷味）或有苦味的蔬菜來煮高湯（例如：甜菜根或苦瓜等）。

自己做麵條好簡單

自從食安風暴連環出現後，經常聽到很多婆婆媽媽們詢問：「我們還能夠吃什麼？」其實，一開始我也是跟大家一樣在問同樣的問題，但過沒多久，心想，何不把問題化成行動的力量？於是開啟了我一生當中第一次做麵條的經驗，以前之所以沒做過麵條，是因為麵條很方便購買得到，再來是我沒有耐心做揉麵、擀麵這些需要耐心的事情。

經過了幾次製作麵條的經驗之後，山上有什麼現成的食材，例如：明日葉、松葉、紫蘇、艾草、七葉蘭、香椿等等，都能將之做成各式各樣的營養麵條，天天都可以吃顏色不同、營養豐富的麵條了。

對於沒有做麵條經驗的我來說，面對第一次的揉麵並不覺得累，而是沒耐心一直重複同樣的揉麵動作。

在做了幾次麵條之後，我就只負責揉麵糰，接下來的擀麵工作就讓老公擔任（還沒有練就出耐心啦）。

但是經過了一番思索，我想到利用家裡現有的製作吐司的自動麵包機，看看能否省點力氣，首先，我將液體材料放入麵包機，再投入麵粉，蓋上蓋子，按下開始，讓它自動拌攪90分鐘，就成了一糰美麗光亮的麵糰（要另外以計時器計時，不然的話，機器打一打就會自動把麵糰烤熟喔），接下來的擀麵、切麵就是老公的工作了，感覺好輕鬆。用麵包機自動揉好的麵糰也可以暫時放著（可冷藏或冷凍），等有空再現擀、現切、現煮，超有成就感！

我覺得不管是機器揉的或是手工揉的，揉到麵糰光亮，再放著讓它出筋之後，做出來的麵條才會Q彈好吃。如果做的量比較多，可以燙熟，放在大盤子中拌少許油，再用電扇吹涼，可放冷藏保存2~3天，食用時再快速放入滾水中汆燙一下，依然可以保持麵條的Q度，但如果將麵條煮熟放入冷水漂涼，再拌油冷藏，那麼再次加熱食用時，麵條會變得軟爛，除非是吃涼麵，才適合現漂涼、現吃。

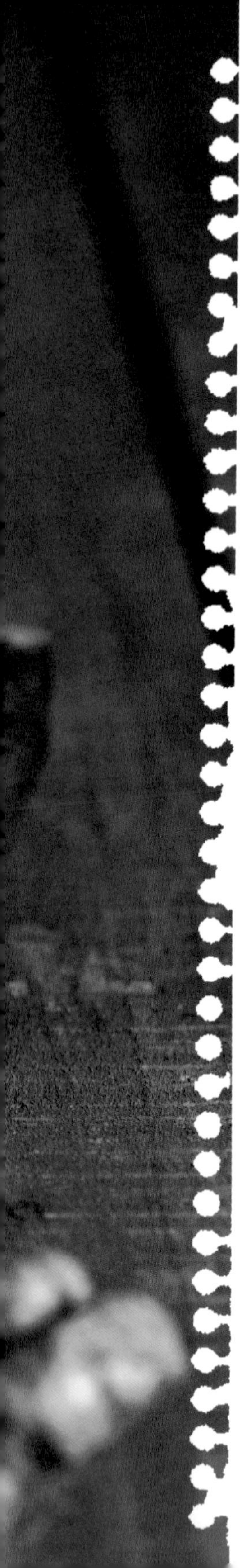

暖暖 薑香麵條

2 人份

材料

海鹽1小匙、水90cc、薑泥2大匙、中筋麵粉200g

作法

1. 將海鹽、水、薑泥放入容器中一起調勻。
2. 中筋麵粉放入大一點的攪拌盆，中間挖一個洞，倒入作法1，用筷子在中間繞圈圈，使水分與麵粉充分混合之後，用手揉約20分鐘成表面光滑不黏手的麵糰，以保鮮膜覆蓋，靜置2小時以上（沒有時間的話，多放幾個小時，或放置一個晚上也沒關係）。
3. 在工作檯面上撒上適量的乾麵粉，再放上麵糰，擀麵棍也抹一層乾麵粉，將麵糰擀成約0.2公分厚度的麵皮。
4. 以S型方式折疊（可避免切條狀會沾黏），切成麵條（粗細可依個人喜好），最後再撒一些乾麵粉，將麵條鬆一鬆，以防沾黏即成。

烹調技巧

＊薑泥也可以取廚房裡現成的材料來替換，例如：薑黃、蓮藕或牛蒡等，如果水分較多，麵糰太軟的話，就酌量加麵粉或減少水的用量。

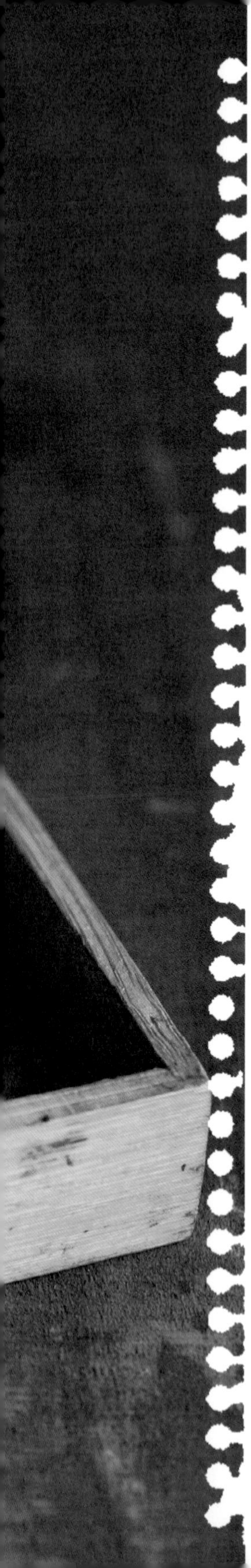

藏鮮 咸豐草麵條

2人份

材料

咸豐草30g、水150cc、海鹽1小匙、中筋麵粉200g

作法

1 咸豐草洗淨，切短，加水150cc，以果汁機攪打均勻，過濾殘渣取汁（水太少的話，果汁機比較不好打），即成「咸豐草汁」。

2 取100cc作法1的咸豐草汁，加入海鹽調勻。

3 中筋麵粉放入大一點的攪拌盆，中間挖一個洞，倒入作法2，用筷子在中間繞圈圈，使水分與麵粉充分混合之後，用手揉約20分鐘成表面光滑不黏手的麵糰，以保鮮膜覆蓋，靜置2小時以上（沒有時間的話，多放幾個小時，或放置一個晚上也沒關係）。

4 在工作檯面上撒上適量的乾麵粉，再放上麵糰，擀麵棍也抹一層乾麵粉，將麵糰擀成約0.2公分厚度的麵皮。

5 以S型方式折疊（可避免切條狀會沾黏），切成麵條（粗細可依個人喜好），最後再撒一些乾麵粉，將麵條鬆一鬆，以防沾黏即成。

應用變化 ＊在我們居住的宜蘭山區有明日葉、香椿、山芹菜、水芹菜等食材，都是做麵條的現成材料，若是沒有這些食材，也可改用西洋芹、巴西利、西洋菜、茴香等替代。

美美｜甜菜根麵條

2 人份

材料　甜菜根磨泥50g、水75cc、檸檬汁1小匙、海鹽1小匙、高筋麵粉200g

作法

1 將甜菜根泥、水、檸檬汁、海鹽放入容器中，一起攪拌均勻。

2 將高筋麵粉放入大一點的攪拌盆，中間挖一個洞，倒入作法1，用筷子在中間繞圈圈，使水分與麵粉充分混合之後，用手揉約20分鐘成表面光滑不黏手的麵糰，以保鮮膜覆蓋，靜置2小時以上（沒有時間的話，多放幾個小時，或放置一個晚上也沒關係）。

3 在工作檯面上撒上適量的乾麵粉，再放上麵糰，擀麵棍也抹一層乾麵粉，將麵糰擀成約0.2公分厚度的麵皮。

4 以S型方式折疊（可避免切條狀會沾黏），切成麵條（粗細可依個人喜好），最後再撒一些乾麵粉，將麵條鬆一鬆，以防沾黏即成。

海味｜昆布麵條

3 人份

材料　煮過高湯的昆布40g、昆布高湯140cc（作法詳見P.110）、海鹽1.5小匙、高筋麵粉300g

作法

1 將煮過高湯的昆布切短，加100cc的昆布高湯和海鹽，用果汁機打至綿細。

2 麵粉放入大一點的攪拌盆，中間挖一個洞，倒入作法1的昆布泥，再用剩下的40cc昆布高湯倒入果汁機，搖一搖，再加入麵粉中（因為昆布泥會沾黏果汁機杯子，所以用一些昆布高湯搖一搖，就可以將昆布泥清下來用）。

3 用筷子在麵粉中間繞圈圈，讓昆布高湯與麵粉充分混合之後，用手揉約20分鐘成表面光滑不黏手的麵糰，以保鮮膜覆蓋，靜置2小時以上（沒有時間的話，多放幾個小時，或放置一個晚上也沒關係）。

4 在工作檯面上撒上適量的乾麵粉，再放上麵糰，擀麵棍也抹一層乾麵粉，將麵糰擀成約0.2公分厚度的麵皮。

5 以S型方式折疊（可避免切條狀會沾黏），切成麵條（粗細可依個人喜好），最後再撒一些乾麵粉，將麵條鬆一鬆，以防沾黏即成。

糙米黃豆營養麵條

3 人份

材料

高筋麵粉250g、有機糙米粉25g、黃豆粉25g、水150cc、海鹽1.5小匙

作法

1 將水、海鹽放入容器中，一起攪拌均勻。

2 麵粉、有機糙米粉、黃豆粉放入大一點的攪拌盆，中間挖一個洞，倒入作法1的鹽水，用筷子在中間繞圈圈，使水分與麵粉充分混合之後，用手揉約20分鐘成表面光滑不黏手的麵糰，以保鮮膜覆蓋，靜置2小時以上（沒有時間的話，多放幾個小時，或放置一個晚上也沒關係）。

3 在工作檯面上撒上適量的乾麵粉，再放上麵糰，擀麵棍也抹一層乾麵粉，將麵糰擀成約0.2公分厚度的麵皮。

4 以S型方式折疊（可避免切條狀會沾黏），切成麵條（粗細可依個人喜好），最後再撒一些乾麵粉，將麵條鬆一鬆，以防沾黏即成。

烹調技巧 ＊糙米粉是平常家裡煮飯用的有機糙米，用果汁機攪打成粉狀的。只要善用食材做變化，就可以吃得健康又滿足，好吃的粗食即是如此因應而生。

勻體窈窕 南瓜水果沙拉

無油料理

4-6 人份

早餐 午餐 晚餐 點心

材料 南瓜500g、蘋果（有機蘋果可連皮）1/2顆、堅果少許

調味料 水果美乃滋6大匙（作法詳見P.94）

作法

1 南瓜洗淨，切大塊，蒸熟，待涼；蘋果切片狀。

2 南瓜、蘋果放入容器中，加入水果美乃滋拌勻，撒上堅果即可食用。

烹調技巧	＊南瓜可連皮帶籽一起食用更營養，不必削皮、去籽。
應用變化	＊南瓜沙拉可配飯、夾三明治、塞入口袋麵包，或以生菜包夾享用。 ＊蘋果可換成其他蔬果，例如：梨子、芭樂、脆柿子、奇異果、小黃瓜、香蕉、芒果、火龍果等。
採買需知	＊南瓜要挑選水分較少的品種，像橘紅色或深綠色的比較好調理，吃起來也比較鬆綿。

營養滿點
夏威夷涼拌酪梨

減油料理

2-3人份

早餐 午餐 晚餐 點心

材料 去皮和籽的酪梨150g、杏鮑菇100g、乾海帶芽5g

調味料

A 橄欖油少許

B 檸檬汁1/2大匙、醬油1/2大匙、海鹽1/2小匙、擀碎熟白芝麻2大匙

作法

1 酪梨切塊（大小約一口狀）；杏鮑菇橫切成1公分厚度的圓片；乾海帶芽泡水5分鐘，瀝掉水分。

2 杏鮑菇以調味料A的橄欖油兩面煎黃，備用。

3 將調味料B調勻，與全部材料一起拌勻，即可盛盤享用。

應用變化 ＊夏季是酪梨物美價廉的時節，除了打果汁之外，拌菜也很美味，如果買到比較硬的，也可以用蒸、煎、炒、烤等方式料理，會有意想不到的驚喜。

腸道順暢 蘋果泥拌豆腐

3-4人份

早餐 午餐 晚餐 點心

減油料理

材料 豆腐300g

調味料

蘋果泥1/2碗、香椿嫩芽醬1大匙、白芝麻粉2大匙、辣椒粉1小匙、黃砂糖1小匙、昆布高湯2大匙（作法詳見P.110）、醬油3大匙

作法

1 豆腐洗淨，切成2公分的丁狀擺入盤中，放入冰箱冰涼。

2 將全部的調味料放入碗中，調拌均勻，備用。

3 從冰箱取出豆腐，將水分倒乾，再將作法2的調味醬淋在上面，即可享用。

爽口開胃 海苔涼拌豆腐

約4人份

早餐 午餐 晚餐 點心

夏季是萬物生機旺盛的時節，但炎熱的天氣往往會讓人食欲減退，但這一盤口感清爽又有滿滿風味的豆腐，可讓我們的胃口大開，充滿幸福感。

材料

板豆腐1塊（約450g）、小黃瓜1/2支（50g）、包壽司用的燒海苔1/4片

調味料

昆布高湯1大匙（作法詳見P.110）、薑泥1大匙、黃砂糖1/2小匙、七味辣椒粉1/2小匙、醬油膏1大匙

作法

1 豆腐先放入冰箱冰涼，再以冷開水沖洗過切塊排放盤中。
2 燒海苔撕成碎片，與全部的調味料放入容器中拌勻，鋪在豆腐上。
3 小黃瓜刨絲，鋪在最上面，即可享用。

無油料理

鄉野古味

山菜芋頭梗酸拌檸檬

多年前在日本吃過婆婆水煮的小芋頭，口感軟綿滑嫩、入口即化，於是將剩下未煮的帶回隨意撒播於山上，不知不覺中就長了好多芋頭，而且一直繁殖。但也許是水土的關係，長大後的芋頭吃起來不似在日本吃的味美，看著愈來愈多的芋頭，只好割下莖部來煮食，而且很奢侈的只取用內層最嫩的兩支，吃起來入口即化，是在地當季的鮮美蔬食。

4 人份

早餐 午餐 晚餐 點心

材料 已撕去硬皮的芋頭梗400g、紅辣椒1/2支、薑絲1大匙（約7g）

調味料 海鹽3/4小匙、檸檬汁1大匙、白芝麻粉2大匙

作法

1 紅辣椒洗淨，切絲，與薑絲及全部的調味料，放進攪拌盆。

2 芋頭梗切成大約5公分的長度，放入滾水中大火煮滾2分鐘，撈起，瀝乾水分。

3 加入作法1的攪拌盆中拌勻，即可盛入盤中享用。

應用變化 ＊芋頭梗也可換成黃豆芽。

鮮美爽脆 涼拌芒果瓠瓜

4人份

早餐
午餐

每年天氣炎熱時，就是瓠瓜開始大量採收的季節，可以買到又便宜、又美味的瓠瓜。我們居住在山上，這個季節，廚房裡總會同時出現左鄰右舍送來免費的瓠瓜和芒果，此時就有機會發揮我們的創意，組合各種現有的食材，呈現驚豔的美味，幸福地享受大地恩賜的健康寶物。

材料

去皮瓠瓜300g、新鮮芒果肉100g、檸檬皮少許

調味料

健康沙茶醬（作法詳見P.96）2大匙

作法

1. 用削皮刀將瓠瓜切成條狀；芒果切1～2公分丁狀；檸檬皮以磨薑板磨細削。
2. 將瓠瓜條放入容器中，加入海鹽拌一拌，放置約10分鐘，擠掉湯汁（湯汁勿丟，可留下作煮菜時用的高湯）。
3. 將所有材料及調味料放入容器中拌勻，即可食用。

快速上桌 香辣私房毛豆莢

春節前後開始持續約三個月的期間是台灣毛豆的產季，很容易就可買到新鮮的毛豆莢，是極為優質的蛋白質來源，此時可以用毛豆做成各種料理或零食。

5-6 人份

點心 晚餐 午餐 早餐

材料 毛豆莢1斤（600g）

調味料

香椿嫩芽醬2大匙、極香辣油2大匙（作法詳見P.103）、海鹽2小匙、韓國辣椒粉1大匙、醬油少許

作法

毛豆莢洗淨，放入滾水中煮熟，撈起，加入全部的調味料拌勻，即可食用。

保存方式 ✻而做好的香辣毛豆莢可存放在冷凍庫保存，取出退冰，即可享用。

整腸減肥 蘋果泥拌蘆薈

3 人份

早餐 午餐 晚餐 點心

材料 去皮蘆薈200g、薄荷葉3～5片

調味料

蘋果泥3大匙（約小型的1/2顆）、薑泥1大匙、檸檬汁1大匙、海鹽1/2小匙（或醬油1大匙）

作法

1 蘆薈去皮方法：用削皮刀削去兩側的刺，再將蘆薈弓起的一面削去皮，然後把凹面貼在切菜板上，左手將蘆薈壓平，右手拿菜刀，往左邊片除下面表皮，就可以取得晶瑩剔透的蘆薈果肉。

2 用冷開水沖淨蘆薈果肉、切菜板、菜刀，以免有苦味，再將蘆薈果肉放在切菜板上，斜切成適口的小片，盛入盤中。

3 將調味料全部一起調勻，淋在蘆薈上面，再擺上薄荷葉，即可食用。

無油料理

無油料理

抗老法寶 鮮拌蘿蔔茄子

有一天早乙女老師端了這道涼拌菜出來，大家都說好吃，紛紛跟他要食譜（大多數的食譜都是這樣來的），沒想到作法好簡單，所以只要調味得宜，茄子生吃也可以很美味的。

3-4 人份

早餐 午餐 晚餐 點心

材料

乾昆布5g、去皮白蘿蔔150g、茄子150g、檸檬皮細絲（或柚子皮）少許

調味料

海鹽1/2小匙、檸檬汁2～3大匙

作法

1 昆布不用泡水，直接剪成細絲（約4公分長）；白蘿蔔、茄子各分別切成一口大小（0.5公分厚的片狀）。

2 將所有的材料及調味料放入容器中拌勻，即可食用。

體重控制 香拌大頭菜絲

約3人份

早餐 午餐 晚餐 點心

這道菜的重點是香菜多、花生香、辣椒辣、檸檬酸，有了這些條件的組合，就會成為一道百吃不膩的無油減肥鮮拌料理，而這道菜我也會拿來當零食，好吃又吃不胖，真是讓人過癮。

材料

去皮大頭菜300g、香菜45g、炒熟去膜花生60g、辣椒1/2支、蒜頭2瓣（選擇性使用）

調味料

海鹽1/2小匙、醬油1/2小匙、黃砂糖1/2大匙、檸檬汁2大匙

作法

1 大頭菜刨絲，加入海鹽拌勻，靜置10分鐘後，擰去水分。

2 香菜洗淨切1公分；蒜頭去膜與花生、辣椒放入缽裡面敲碎。

3 將所有材料與調味料拌勻，即可食用。

無油料理

降壓抗老
茄子拌納豆

無油料理

3-4人份

早餐 午餐 晚餐 點心

材料 茄子200g、納豆1小盒

調味料 海鹽3/4小匙、檸檬汁2小匙、醬油少許、黃芥末醬少許

作法

1 茄子切1公分厚度的片狀（圓片或斜片皆可），加入海鹽拌一拌，靜置10分鐘之後，輕輕擠去水分，加入檸檬汁拌一拌，備用。

2 納豆放入碗內，加入醬油、黃芥末醬，用筷子以繞圈圈的動作拌勻。

3 將所有材料與調味料放入容器中拌勻，即可食用。

烹調技巧 ＊購買納豆時，盒子裡都會附上一小包的調味醬汁，因為含有葷食成分，所以我們都是自己調味，而不會使用附贈的調味醬汁。

應用變化 ＊喜歡有咬勁的人，可用日本燈泡茄子；喜歡較軟口感的人，則可用台灣茄子。

舒腸理胃
納豆拌蘿蔔絲

4
人份

早餐
午餐

第一次在婆婆家吃到納豆時，非常不習慣那股特殊的味道，可是看大家吃得津津有味，也不敢不吃，尤其是當時早乙女老師每天早上一定要吃，就這樣持續練習著吃，一段時間之後，這道納豆拌蘿蔔絲就變成了我最愛的零食，因為減少醬油用量以及增加蘿蔔絲，吃完之後腸胃都會感覺很舒服。

材料　納豆3小盒、去皮白蘿蔔約200g

調味料　黃芥末醬3小包、醬油2小匙

作法

1 納豆從冷凍庫取出，解凍後拆開包裝，放入稍大的碗中，加入內附的黃芥末醬，用筷子以繞圈圈的動作拌勻。

2 白蘿蔔用削皮刀刨成薄片，再切成細絲。

3 將作法1和作法2拌勻之後，淋入醬油略拌，即可食用。

應用變化　✻白蘿蔔也可以換成小黃瓜或高麗菜切細絲代替，也是一樣美味。

無油料理

清暑利尿 安心脆脆花瓜

10人份

早餐 午餐 晚餐 點心

材料

小黃瓜300g、冰塊約2kg

調味料

海鹽1/2小匙、醬油100cc、味霖100cc、醋30cc（2大匙）

作法

1 小黃瓜切圓片（約1公分厚），加入海鹽拌一拌，靜置30分鐘，擠掉水分，再以乾布（或廚房紙巾）吸乾水。

2 取一個10人份電鍋的內鍋，放入半鍋冷水，加入1kg的冰塊，備用。

3 醬油、味霖、醋倒入1500～2000cc單柄鍋煮開，再加入作法1的小黃瓜煮沸，拌幾下，即熄火。

4 整鍋移至作法2的冰水中，隔水降溫至涼。

5 取另一個單柄鍋接住濾網，將小黃瓜倒到濾網內，濾出湯汁在鍋內，再移至瓦斯爐上，將湯汁煮開。

6 再投入小黃瓜煮開，拌幾下，即熄火，再整鍋放入冰水中，隔水降溫（水不冰，則再加冰塊）。

7 再重複一次作法5，共煮3次，冷卻3次，即可裝罐冷藏保存。

烹調技巧

＊用冰水隔水降溫至涼是很重要的步驟，如果不這麼做，花瓜就不會脆，或許作法看起來有點繁瑣，其實並不會，我第一次做就上手，而在教導學員製作時，大家都說這道花瓜口感比罐頭的更好吃，做起來又簡單。

＊如果沒有味霖，可用80cc水加3大匙黃砂糖煮開代替。

應用變化

＊吃完花瓜後剩下的湯汁可以再煮第二次，若感覺味道較淡，只要再加一些醬油和糖即可，我曾經連做三次，只要調整一下味道就可以了。

無油
料理

清脆爽口
淺漬青江菜

約3人份

早餐 午餐 晚餐 點心

材料

青江菜1/2斤（300g）、薑黃（或普通的薑）1小塊、紅辣椒1支

調味料

海鹽1/2小匙、香油1大匙、醬油1大匙、檸檬汁（或醋）1大匙

作法

1 青江菜洗淨、切4公分，加海鹽拌勻，稍微抓一抓，放置約20分鐘之後，輕輕擰掉水分。

2 薑黃洗淨，切細絲；紅辣椒洗淨，切片。

3 香油、醬油、檸檬汁，加入作法1的青江菜與作法2的薑黃絲、辣椒片，一起拌勻，即可食用。

應用變化 ✻青江菜也可換成其他任何喜歡的青菜。

高纖抗敏
小松菜漬糖醋

無油料理

2-3人份

晚餐 午餐 早餐

材料 小松菜250g、紅辣椒1支

調味料 海鹽1小匙、黃砂糖1大匙、檸檬汁（或醋）2大匙

作法

1 小松菜洗淨，連梗整株不切斷，加入海鹽拌勻，靜置約半小時後，再以冷開水沖一下，然後擰掉水分，放進塑膠袋中。

2 加入黃砂糖、檸檬汁和切片的辣椒，綁住袋口，以重物壓約2小時（壓製的期間要翻動2～3次）。

3 取出小松菜，擰掉水分，在切菜板上排列整齊，切去前端較硬的部分，再切段狀（4～5公分），即可盛盤。

應用變化 ＊小松菜也可換成其他的蔬菜，如：油菜、青江菜、芥蘭。

無油料理

顧胃補骨 黃秋葵漬味噌

約3人份

早餐　午餐　晚餐　點心

材料　黃秋葵300g

調味料

海鹽1小匙、味噌2大匙、芝麻粉1大匙、黃砂糖1小匙、七味辣椒粉少許

作法

1 黃秋葵洗淨，以海鹽來回搓揉，去除表面絨毛後，以冷開水沖一下，再切去蒂頭。

2 放入保鮮盒中，加入味噌、芝麻粉、黃砂糖、七味辣椒粉拌勻靜置半天（或一個晚上）。

3 享用之前，稍微刮除表面附著的味噌醬（不用沖洗），依黃秋葵的大小，整支或由中央斜切成兩段，擺入盤中，即可食用。

減油料理

補鈣排毒

韓式醃漬木耳

5-6 人份

早餐 午餐 晚餐 點心

材料

黃豆芽200g、新鮮黑木耳350g、香菜少許

調味料

香椿嫩芽醬1小匙、黃砂糖1小匙、豆瓣醬1小匙、香油1大匙、醬油1大匙、深紅色韓國辣椒粉1大匙、天然海鹽少許

作法

1 黑木耳洗淨，去除蒂頭，切一口狀；香菜洗淨，切1公分。

2 將全部的調味料放入容器，調勻，備用。

3 黃豆芽和黑木耳放入滾水中燙熟，撈起，瀝乾水分，趁熱放入作法2，拌勻後盛入盤中，撒上香菜，即可食用。

防癌保健
杏鮑菇漬高麗菜

無油料理

4人份

早餐 午餐 晚餐 點心

材料

中型杏鮑菇1支、高麗菜400g、芹菜（或香菜、山芹菜、紫蘇）切碎3大匙、紅辣椒1支

調味料

A 海鹽1/2小匙
B 檸檬汁3大匙、黃砂糖3大匙、昆布高湯3大匙（作法詳見P.110）、海鹽1/2小匙

作法

1 杏鮑菇切長薄片；高麗菜洗淨，切一口狀；芹菜洗淨，切碎；紅辣椒洗淨，去籽，切細絲。

2 杏鮑菇放入乾鍋中，以中火煎至金黃。

3 將高麗菜、芹菜、紅辣椒放入攪拌盆中，加入調味料A拌一拌之後，擠掉水分。

4 調味料B和作法2、作法3一起放入保鮮盒拌勻（或蓋緊蓋子搖一搖），移入冰箱冷藏半天後，即可享用。

保存方式 ＊賞味期限：3天

減肥小菜
芥茉脆黃瓜

2-3人份

點心 晚餐 午餐 早餐

這是二十年前的小菜食譜，再翻閱到它時，很懷疑會好吃嗎？一邊思考，走著走著，剛好發現廚房裡有現成的小黃瓜，便隨手做來試吃，沒想到雖然作法十分簡單，嚐起來卻有一種吃不膩的優雅風味。

材料 小黃瓜200g

調味料 海鹽1/2小匙、黃芥末醬1大匙

作法

1. 小黃瓜洗淨，用紙巾擦乾水分；全部調味料放入容器中，調勻，備用。
2. 在餐桌上先鋪放一張保鮮膜，放上小黃瓜，均勻塗上混合好的調味料。
3. 將保鮮膜捲緊起來，移入冰箱冷藏3小時後，取出，洗淨，切成厚片，即可食用。

應用變化 ✻適合搭配白飯、粥、喝茶時的健康小菜，吃再多也不用擔心熱量、脂肪會囤積，簡單易做，開胃又好吃。

無油料理

道地韓味

速成韓國泡菜

這是經過多次研究、品嚐之後的食譜作品，既方便快速又美味健康的一道菜，對幫助消化和減少脂肪的吸收非常有效，是最適合偏食、過食或暴飲暴食的現代人的保健料理，更特別的是作法簡單、風味道地、美味無比且容易保存，只要裝入玻璃罐（或保鮮盒）中冷藏，可保存1個月慢慢地享用。

6 人份

早餐　午餐　晚餐　點心

材料

大白菜500g、去皮紅蘿蔔40g、去皮白蘿蔔40g、煮過高湯的昆布40g

調味料

海鹽20g、韓國泡菜醬（作法詳見P.106）50g

作法

1 全部材料分別清洗乾淨。

2 大白菜切塊狀（約4公分），放在攪拌盆中，加入全部海鹽拌勻，靜置30分鐘之後，擠掉水分，備用。

3 紅蘿蔔、白蘿蔔、煮過高湯的昆布，全部切成細絲。

4 將全部處理好的材料，加入韓國泡菜醬一起拌勻，即可享用。

應用變化

＊此道料理的作法也適用其他蔬菜，如：白蘿蔔、大頭菜、高麗菜、小黃瓜或汆燙過的四季豆、長豇豆、竹筍等，但有經過汆燙的蔬菜，海鹽要減量使用。

無油
料理

口齒留香 野菜天婦羅

2-3人份

早餐 午餐 晚餐 點心

記得小時候常常走到田埂間採集一種味道極像香菜，但是香氣更濃的野菜葉子，葉緣有鋸齒，葉寬約2公分、長約7～10公分，最初是母親帶著我們一群小孩去採回家，然後炸成天婦羅，後來我每每嘴饞，便自己跑去採摘回家，讓母親烹調，當時我們都稱那種野菜為「日本香菜」，卻不知什麼時候開始，就再也找不到它們的蹤影了（也許是除草劑的關係）。

四十多年來，從沒有忘記過它，每當我經過田間小徑，總是滿懷期望地找尋它的蹤跡，可是卻從來沒有發現過，直到五年前到花蓮旅遊，順道去拜訪友人時，竟然在他家前院發現了這個讓我念念不忘的野菜，當時真是喜出望外，要了一些小苗帶回山上栽種。後來去了越南，才知道這種菜是越南人天天在吃的，而早乙女老師也說他從來沒看過這種菜，從此我們就改稱它為「越南香菜」。

炸桑椹葉和紫蘇葉也是小時候的美好回憶，野菜炸物喚醒了我沉睡多年的幸福記憶，很難形容回憶久遠往事時那種複雜的心情，甜蜜溫馨伴隨著惆悵與感傷，寫這道食譜讓我非常想念母親，感嘆時光的飛逝。結婚之後，雖然早乙女老師會做精緻版的天婦羅讓我大快朵頤，但是媽媽的料理永遠是孩子最甜蜜和幸福的記憶。

如今，年歲漸長，久久才能品嚐一回油炸物，且要配上大量生菜和白蘿蔔泥來排油解膩，年輕時大吃大喝的豪情已不復矣！

材料 桑椹葉、紫蘇葉、越南香菜各3片、炸油適量

麵糊 麵粉4大匙、水5大匙

調味料 醬油適量

作法

1 炸油預熱。

2 將麵糊材料放入攪拌盆中，輕輕拌幾下，再將材料一一沾滿麵糊，放入熱油鍋炸至酥脆，即可撈起瀝油。

3 炸好的天婦羅，搭配醬油調味，即可食用。

無油料理

美膚抗老
小茴香煮綠豆番茄

6-7人份

點心 晚餐 午餐 早餐

材料 綠豆100g、紅番茄1斤（600g）、薑切碎1大匙、切1公分的香菜1碗

調味料 小茴香籽1.5小匙、海鹽1.5小匙

作法

1 綠豆洗淨，浸泡清水一個晚上，再瀝乾水分；紅番茄洗淨，隨意切丁。

2 取厚底小湯鍋（約1.5～2公升）略加熱，薑碎入鍋乾炒至微乾，再加入小茴香籽略炒幾下。

3 將綠豆、番茄倒入作法2拌炒至滾開後，調成小火，蓋上鍋蓋燜煮約20分鐘加入海鹽（期間須攪拌數次，以免沾鍋燒焦）。

4 待綠豆與番茄都煮至軟爛時，即可熄火，加入香菜拌勻，盛入盤中，即可食用。

應用變化

* 綠豆亦可換成綠豆仁。
* 此道料理是濃稠香郁、甘酸順口的拌醬，適合燴飯、燴麵或煮粥、煮湯麵，皆美味無比，可一次多煮一點，分裝冷凍，方便隨時享用。

噴香好吃
香椿素秋刀魚

6-8
人份

早餐 午餐 晚餐 點心

材料　麵腸1斤（600g）、油適量

調味料

白胡椒粉1小匙、海鹽2小匙、五香粉2小匙、香椿嫩芽醬2大匙、韓國辣椒粉2大匙、薑泥1大匙、醬油1大匙、黃砂糖1大匙、香油1大匙

作法

1 麵腸縱切兩刀成3片，放入容器中，再加入全部調味料拌勻，備用。

2 取一平底鍋加熱，倒入適量的油，放入作法1煎至金黃香酥，即可盛盤食用。

應用變化　✻此道香椿素秋刀魚風味特佳，無論是佐飯、稀飯、帶便當或搭配生菜食用，皆能令人大大滿足。

保存方式　✻將醃好的香椿素秋刀魚裝入保鮮袋冷藏，可保存3～5天；密封好冷凍，可保存數月。

淨血抗氧
地中海時蔬佐蘑菇

4
人份

早餐 午餐 晚餐 點心

材料

蘑菇150g、青椒1/2顆、紅甜椒1/2顆、紅番茄1/2顆（約50g）、九層塔1/2碗

調味料

橄欖油1大匙、海鹽1/2小匙、粗顆粒黑胡椒粉1/4小匙

作法

1 青椒、紅甜椒、紅番茄分別洗淨，各切成一口狀。
2 橄欖油倒入炒鍋，大火將蘑菇煎至略呈金黃色。
3 加入青椒、紅甜椒、紅番茄、海鹽、粗顆粒黑胡椒粉拌炒約2分鐘。
4 蓋上鍋蓋，調成小火燜煮約5分鐘，加入九層塔拌勻即可。

烹調技巧 ＊天氣較冷時，可用平底鐵鍋或厚底湯鍋煮好後，直接移上餐桌，較能保溫，慢慢享用。

應用變化 ＊若冰箱裡剛好有豆乾或豆腐、豆皮、豆包等，也可以適量加進去一起烹調，增加食材豐富度和變化口味。

抗癌防老 快滷鮮白菜

4人份

晚餐 午餐 早餐

材料

大白菜1斤（600g）、乾香菇2朵、八角1粒、紅辣椒1/2支、泡開的珊瑚草15g

調味料

芝麻香油1.5大匙、海鹽1/2小匙、素蠔油1.5大匙

作法

1 大白菜洗淨，用手撕成一口大小；紅辣椒洗淨，切兩段；乾香菇洗淨，每朵剝成4塊。

2 芝麻香油、乾香菇、八角、紅辣椒放入炒菜鍋中，以中火炒香後，再加入大白菜、珊瑚草，拌炒至大白菜變軟。

3 加入海鹽、素蠔油拌炒幾下，蓋上鍋蓋，以中火燜煮約3分鐘，即可盛起享用。

烹調技巧

＊要在短時間內煮出有慢滷風味的白菜，八角是主要的關鍵，少了這一味，口感就會差很多喔！

清熱消疲 香草野味蘆筍

4人份

早餐 午餐 晚餐

蘆筍在春、夏、秋季均可採收，色澤翠綠、清香適口，無論是冷食或熱食，都具有獨特的風味，而且也是最好的食療保健蔬菜，搭配山上盛產的野味蔬材一起烹調，嚐著它，每一口都是幸福與滿足，讓人不知紅塵事為何，滿滿感恩如此豐足的生活。

材料

蘆筍（或碧玉筍）200g、新鮮艾草10g、新鮮魚腥草10g、香椿葉3～5片

調味料

橄欖油1大匙、海鹽1/3小匙、粗顆粒黑胡椒粉1/3小匙、檸檬汁1大匙

作法

1 全部材料分別洗淨，備用。
2 取一平底煎鍋，以中小火加熱，再將蘆筍平均鋪入鍋內，淋上橄欖油，再將艾草、魚腥草、香椿葉鋪在最上面，蓋上鍋蓋，煎蘆筍至熟，即可熄火。
3 撒入海鹽、黑胡椒粉、檸檬汁拌勻，即可直接將煎鍋端上桌，熱騰騰享用。

應用變化

＊艾草、魚腥草、香椿葉等香草也可以換成其他種類的香草，例如：九層塔、香菜、芹菜、薄荷、紫蘇等。

清腸養顏｜凍豆腐煎薄荷木耳

3-4 人份

●早餐 ●午餐
●晚餐 ○點心

材料 凍豆腐200g、薄荷20g、黑木耳50g、紅甜椒1/2顆、薑絲1大匙

調味料 香油1.5大匙、粗顆粒黑胡椒粉少許、海鹽1/2小匙

作法

1 凍豆腐以雙手掌壓乾水分，切成一口狀。

2 薄荷切成小段；黑木耳和紅甜椒各切一口狀。

3 煎鍋放入薑絲開小火乾炒（約六、七成乾），再倒入香油、凍豆腐、薄荷、黑胡椒粉煎炒至凍豆腐成金黃色。

4 加入黑木耳、紅甜椒、海鹽炒熟，即可盛盤食用。

烹調技巧

＊買來的豆腐若一次用不完，就先冷凍起來再想辦法用掉，不管是煎、煮、炒、滷皆合用。

＊傳統熱炒的爆薑法是使用熱油大火油爆生薑，容易產生大量油煙，經過我們親身實驗，發現先乾鍋炒薑至快乾時，再倒入油炒，能炒出薑香，還可以減少廚房產生的油煙。

補血暖身｜豆乾仙貝

2-3 人份

●早餐 ●午餐
●晚餐 ●點心

材料 有機豆乾約285g、打碎的黑糯米（或糙米）40g、黑芝麻粉4大匙

調味料 有機椰子油2大匙（其他油亦可）、香椿嫩芽醬4大匙、海鹽1/2小匙

作法

1 黑糯米洗淨曬乾（或烤乾），再以果汁機打碎（如粗顆粒黑胡椒粉的狀態）。

2 豆乾由側面剖開約1公分厚度（較薄的不用剖開），兩面沾滿作法1的碎米（稍微壓一壓，沾多一些）。

3 平底鍋加熱，倒入椰子油，放入作法2的豆乾，以中大火兩面煎成金黃色。

4 在每片豆乾上面各鋪1大匙香椿嫩芽醬，兩面煎香，即可熄火，再均勻撒上海鹽和黑芝麻粉。

烹調技巧

＊黑糯米可一次多打碎一些，放在冰箱冷藏或冷凍保存隨時使用，量太少的話不好打碎。

應用變化

＊此道料理也可以搭配各種顏色的蔬菜串在一起，在各類聚會中端出，一定會大受歡迎。

煎香的碎米吃起
來卡滋卡滋的，
像極了仙貝。

促進循環 茴香煎素蛋

4 人份

早餐 午餐 晚餐 點心

新鮮茴香是香草植物，在冬季天冷時生長，有著濃郁的香氣，所以在產季時，我喜歡拿它來製作能保留食材原味的素煎蛋，除此之外，將它與當歸豆包一起煮，煮好之後滴入數滴黑麻油，配飯或拌麵線都很好吃。不嫌麻煩的話，茴香水餃更是令人口齒留香、回味無窮的一道麵點。

材料 厚的硬豆腐1/2塊（約250g）、豆包200g、茴香100g、薑泥2小匙

調味料 苦茶油1大匙、黑麻油1大匙、海鹽3/4小匙

作法

1 豆腐切塊，再用雙掌壓掉水分；豆包切碎；茴香洗淨，切細（約0.5公分以內的長度）。

2 將豆腐、茴香、豆包、薑泥一起放入攪拌盆，用手抓一抓至均勻黏稠。

3 煎鍋加熱再倒入兩種油，將鍋子搖一搖使油均勻薄薄佈滿鍋子，再把作法2放進煎鍋，鋪開成圓形，以大火兩面煎成金褐色，再均勻撒入海鹽，即可起鍋。

烹調技巧

＊如果不喜歡吃茴香的話，可以用這個方法試試看。這道料理就是我小時候不敢吃茴香時，媽媽使出的法寶，吃到後來就愈吃愈喜歡了。

＊上述材料可煎成約16公分直徑的成品兩片。

低卡減重
杏鮑菇焗四季豆

2
人份

早餐 午餐 晚餐 點心

在山上有各種野生的香草可隨手取用，而住在都會區的朋友們，就看家裡有什麼直接就地取材即可，如檸檬葉、香菜、九層塔、香茅等都具有提香開胃的效果，多嘗試不一樣的食物，生活會更有變化和樂趣。

材料 杏鮑菇100g、四季豆100g、芹菜1棵、艾草3葉、薄荷3葉、檸檬1小片

調味料 葡萄籽油2小匙、海鹽1/3小匙、粗顆粒黑胡椒粉少許

作法

1 杏鮑菇用手撕成粗條狀（約食指大小）；四季豆洗淨，去頭尾，拔去兩側的硬絲，切對半；芹菜洗淨，切長段（4公分）；艾草、薄荷洗淨，分別切細絲。

2 將杏鮑菇、四季豆、芹菜鋪入烤盤，拌一下混合，撒上艾草、薄荷絲和所有調味料。

3 烤箱預熱到250℃，將作法2移入烤箱烤約8分鐘至略呈金黃。

4 取出烤箱，盛盤（或烤盤直接上桌），淋上檸檬汁，即可享用。

軟嫩滑順｜溫柔嫩豆包蔬菜滷

4 人份

●早餐 ●午餐
●晚餐 ●點心

材料 紅蘿蔔80g、去皮大頭菜300g、昆布高湯300cc（作法詳見P.110）、豆包150g

調味料 海鹽1/3小匙、醬油2小匙

作法

1 紅蘿蔔切約1.5公分的丁狀；大頭菜切2～3公分塊狀，全部放進小湯鍋。

2 在小湯鍋內加入昆布高湯，以大火煮滾後，調成小火燜煮約10分鐘至大頭菜熟軟。

3 加入海鹽和醬油，輕輕拌幾下，再加入豆包鋪在上面，轉大火煮滾，再調成小火燜煮3分鐘，即可盛起享用。

烹調技巧
＊豆包可依各人喜好，用整大片或切一口狀皆可。
＊如果豆包是未經冷凍過的，只要放入熱湯裡滾一下，口感就會變得軟嫩，而冷凍過的則要多滾幾下，請依此調整煮的時間，使豆包吃起來軟嫩滑順、入口即化。

百吃不膩｜古早味滷豆乾

15 人份

●早餐 ●午餐
●晚餐 ●點心

材料 2公分的豆乾丁2.5斤（1500g）

調味料 香油60cc、花椒10g、海鹽3g、薑片8g、八角8g、辣椒醬100g、黃砂糖60g（用量要依照醬油鹹淡做增減）、醬油100cc、醬油膏100cc

作法

1 香油、花椒一起放入炒鍋，以小火炒香後，撈除花椒，留下香油在炒鍋裡。

2 將海鹽、薑片、八角、豆乾丁放入炒鍋，以大火炒香之後，再加入辣椒醬炒香。

3 接著加入黃砂糖、醬油、醬油膏轉中火翻炒約10分鐘之後，熄火，即成。

4 放置一晚，待入味後，再享用。

烹調技巧
＊若家裡的醬油較鹹，則酌量增加糖的份量或減少醬油的份量。這是節省時間和瓦斯的滷法，所以要第二天之後才會入味。

應用變化
＊食用時，從冰箱取出即可，不必加熱，是非常方便的配飯、配麵的滷味小菜。

保存方式
＊可分裝在保鮮盒，放入冰箱冷藏，再一盒、一盒取用；亦可整鍋冷藏，約隔3～5天後再滷一次，若湯汁太少，可酌加清水，再滷過會更入味，也更好保存。

無油
料理

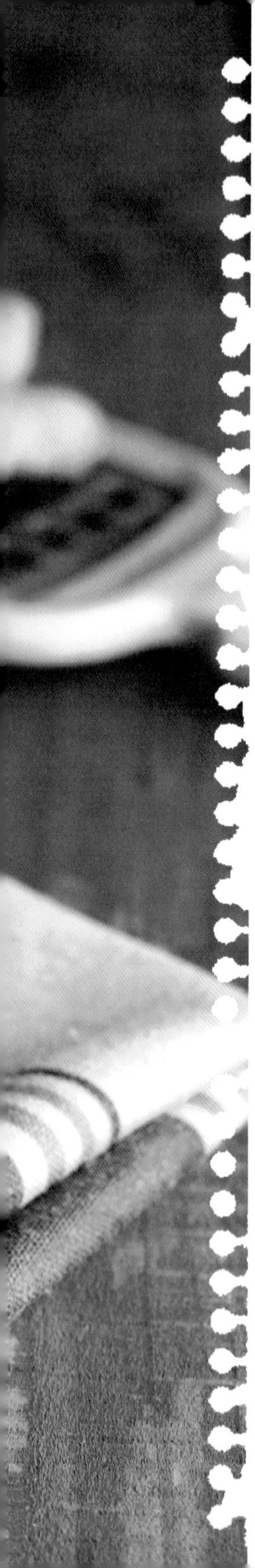

強肝解毒
薑黃營養飯

4 人份

早餐 午餐 晚餐 點心

薑黃因為具有抗氧化、排毒等功能，成為近年來非常火紅的食材，不同於以往，現在市場上隨處皆可買到鮮品，在鄉下也能在許多屋旁、後院或空地上看到它們的蹤影，我們也很幸運地偶爾會收到朋友種植的現採鮮品，收到後都會盡量找機會享用，用不完的話，我會把它切片加少許水打成泥，放入製冰盒，結成冰塊，再移至保鮮盒冷凍保存，方便隨時加在各種滷、煮、炒的料理中使用。

材料

糙米3杯、昆布高湯4杯（作法詳見P.110）、新鮮薑黃磨泥1大匙、月桂葉2片、烤熟腰果80g

調味料 海鹽少許

作法

1. 糙米洗淨，瀝乾水分，加入昆布高湯泡4小時（或移入冰箱浸泡一晚）。
2. 加入薑黃泥、月桂葉、海鹽，以電鍋炊熟後，再續燜約30分鐘以上。
3. 取出月桂葉，加入烤熟腰果、拌一拌，即可享用。

烹調技巧	✻如果糙米沒時間浸泡，要現煮的話，就先用瓦斯爐以小火煮滾3～5分鐘，再放到電鍋裡煮即可。
應用變化	✻如沒有腰果，可以用其他堅果替代。 ✻若沒有昆布高湯，可加入一小片乾昆布一起炊煮。
採買需知	✻嚴選昆布可在有機健康食品店購買。

無油
料理

翠色分明 親子羽衣蓋飯

無油料理

2-3人份

晚餐 午餐 早餐 點心

材料 豆包200g、杏鮑菇100g、四季豆80g、昆布高湯400cc（作法詳見P.110）、糯米粉（或地瓜粉）1大匙、水1大匙、煮熟的十八穀米飯1碗

調味料 海鹽1/2小匙、醬油2小匙、黃砂糖1小匙、七味辣椒粉少許

作法

1 豆包切一口狀；杏鮑菇用手撕成約大拇指的粗條狀，再剝成約3公分長的塊狀；四季豆去頭尾，拔除硬絲，放入滾水中燙熟，撈起，斜切成5公分長。

2 昆布高湯倒入小湯鍋，加入海鹽、醬油、黃砂糖、杏鮑菇煮沸，再放入豆包，煮約1～2分鐘至軟嫩，再加入四季豆。

3 糯米粉和水調勻，加入鍋內與全部材料輕輕拌勻，即可熄火。

4 把煮熟的十八穀米飯盛入大碗中，再將作法3澆在飯上面，撒上七味辣椒粉，即可享用。

烹調技巧

＊如果是要做給長輩吃的，杏鮑菇就用上半段（傘狀那一端），橫切成薄片，這樣吃起來會十分軟嫩，豆子或青菜也可以切細細的，以方便家中的銀髮寶貝享用。

＊糯米粉DIY：近年來家裡的糯米粉都是自己製作，作法是將圓糯米洗淨、曬乾，再以果汁機打成粉狀，放入冰箱保存即可（如果不方便的話，以地瓜粉或樹薯粉替代也可以）。

應用變化

＊四季豆可換成其他豆類，或以山芹菜、青江菜、西洋菜等蔬菜取代。

豐富飽足 豆漿玉米焗飯

2 人份

早餐 午餐 晚餐 點心

材料

玉米粒1罐（280g）、玉米醬1罐、無糖豆漿1/2杯（100cc）、煮熟的糙米飯1/2碗、紅蘿蔔切碎2大匙、巴西利（或芹菜）少許

調味料

橄欖油1小匙、粗顆粒黑胡椒粉少許、海鹽少許

作法

1 玉米粒連湯汁，和玉米醬、無糖豆漿、熟糙米飯、紅蘿蔔、黑胡椒粉、海鹽一起放入容器中拌勻。

2 烤箱預熱至200℃；移入作法1，烤約16分鐘。

3 戴上隔熱手套，將料理端出，撒上巴西利，即可享用。

高鈣低脂 豆腐渣米漢堡

約10人份

早餐 午餐 晚餐 點心

材料 豆腐渣500g、紅蘿蔔60g、芹菜60g、香菜60g、煮熟的糙米飯200g、去皮山藥200g、高麗菜絲適量

調味料 A 香油3大匙、海鹽1小匙、香椿嫩芽醬1大匙
B 神奇燒烤醬（作法詳見P.97）

作法

1 紅蘿蔔、芹菜、香菜分別洗淨，切碎，放入炒鍋，加香油炒至乾香後，盛入拌盆。

2 豆腐渣入炒鍋乾炒至鬆鬆；糙米飯放入耐熱塑膠袋中，用擀麵棍敲打至呈黏狀（像有顆粒狀的麻糬）；山藥刨成絲。

3 將炒鬆的豆腐渣、黏狀的糙米飯、山藥絲、海鹽、香椿嫩芽醬，放入作法1的拌盆中，用手抓一抓拌勻。

4 取作法3整成1.5公分厚度的橢圓形漢堡（每顆60g，約可做14顆），放入平底鍋，加少許油兩面煎至金黃，再刷上調味料B。

5 另盛飯入盤中，取一個容器鋪入高麗菜絲，排上煎好的豆腐渣米漢堡，旁邊另加一些裝飾，即可食用。

烹調技巧

＊盤飾可用冰箱裡現成的東西，例如：金桔、香菜、芹菜葉、青花菜、巴西利、紅蘿蔔絲（片）等皆可。

應用變化

＊豆腐渣加糙米飯，可以讓偏食的人攝取到足夠的必需胺基酸。多做一些冷凍起來，不管正餐或點心，隨時都很方便利用。

＊可用口袋麵包或吐司夾漢堡排與生菜，或搭配義大利麵、通心粉等，可讓享用者大大的滿足。

大元寶包小圓寶
爽口水餃

約6人份

早餐 午餐 晚餐 點心

材料 A 青江菜1斤（600g）、板豆腐2oog、乾珊瑚草5g、金針菇100g、冬粉1束、薑泥2大匙

B 水餃皮1斤（600g）、腰果70粒

調味料 香椿嫩芽醬1大匙、海鹽1小匙

作法

1 青江菜洗淨；豆腐切小塊；珊瑚草洗淨，加水浸泡至軟；金針菇切細小段。

2 珊瑚草切小段，放入湯鍋，另加入水150cc，以小火煮沸約5分鐘，熄火，待涼。

3 煮沸一鍋約3公升的水，放入青江菜燙熟，撈起，用冷開水漂涼，瀝乾水分。

4 再將豆腐放入鍋內煮滾1分鐘，熄火，撈起，瀝乾水分，再放入冬粉泡至軟嫩，撈起切約1公分（以上均用同一鍋水即可）。

5 青江菜切細，用手擰乾水分；豆腐用手掐碎。

6 將材料A、海鹽、香椿嫩芽醬放入容器中，一起拌勻，即成「餡料」。

7 取水餃皮，放入適量餡料，和腰果1粒，再對摺水餃皮後，以拇指和食指壓緊邊緣，依序全部完成，放入滾水煮熟，撈起，即可食用。

暖胃補氣
南瓜堅果絲瓜粥

2-3人份

早餐 午餐 晚餐 點心

材料

乾珊瑚草3g、糙米黃豆飯（或五穀飯）1碗、去皮絲瓜1/4條、去籽南瓜150g、昆布高湯1000cc（作法詳見P.110）、腰果1把

調味料 海鹽2小匙

作法

1 珊瑚草洗淨，剪短；絲瓜、南瓜分別切成2公分丁狀。

2 珊瑚草、糙米黃豆飯、南瓜、昆布高湯全部放入湯鍋煮至濃稠狀。

3 再放入絲瓜煮熟，加入海鹽、腰果拌勻，即可食用。

烹調技巧

* 如果是很嫩的有機絲瓜，則可以不用去皮。
* 腰果可改用家裡現有的其他堅果，如果要吃軟的堅果，可在作法2時加入一起烹調。

應用變化

* 絲瓜可以依季節替換，改用如瓠瓜、大黃瓜、青木瓜、大頭菜等。
* 南瓜也可以替換成馬鈴薯、甜菜根、山藥或地瓜等。

潤膚健胃
瓠瓜珊瑚草糙米粥

2
人份

點心 晚餐 午餐 早餐

無油料理

材料

去皮瓠瓜300g、去皮紅蘿蔔30g、乾香菇2朵、煮熟的糙米飯1碗、乾珊瑚草2g、昆布高湯5杯（1000cc）（作法詳見P.110）

調味料 海鹽2小匙、白胡椒粉少許

作法

1. 瓠瓜切3公分丁狀；香菇以水泡至軟，切約2公分丁；珊瑚草以水泡開後，瀝乾水分，切短。
2. 將全部的材料放入湯鍋，以大火煮沸後，轉小火煮至熟，熄火。
3. 加入海鹽、白胡椒粉拌勻，即可享用

烹調技巧

＊珊瑚草可以一次多泡一些，先用水沖洗一次，再用冷水泡開之後（約1小時左右），用剪刀剪成小段，分裝小袋（或放入製冰盒裡）冷凍保存；煮飯、煮稀飯、滷菜及各種甜、鹹湯品中都可以添加，可補鈣、補鐵，增加養分吸收。

應用變化

＊珊瑚草是很好的養生食材，有些人不知道要怎麼使用，我通常會在各種料理中加一點，例如：煮飯、煮湯、滷東西、湯麵、稀飯、紅豆湯、綠豆湯等均可添加一些，而不要一次加太多量，才不會有腥味。

鹹香鮮脆 美味酢醬拌麵

減油料理

1人份

早餐 午餐 晚餐 點心

材料

麵條1人份、小黃瓜絲少許、紅蘿蔔絲少許、高麗菜絲少許、香菜少許

調味料 美味酢醬（作法詳見P.108）3大匙

作法

1 麵條放入滾水中煮至熟，瀝乾水分，撈至麵碗中。

2 鋪上小黃瓜絲、紅蘿蔔絲、高麗菜絲。

3 搭配美味酢醬、香菜拌勻，即可享用。

烹調技巧 ＊冬天吃麵可先將麵碗燙熱，這樣吃到最後，麵條還會熱熱的；而夏天時，只要將燙好的麵用冷開水漂涼就是涼麵，這個撇步非常實用又方便。

應用變化 ＊青菜可隨意用冰箱中現成的食材做變化。

豐肌潤腸
黃金瓜腰果米粉湯

3-4人份

點心 晚餐 午餐 早餐

材料

去籽南瓜200g、昆布高湯1000cc（作法詳見P.110）、腰果50g、泡開的珊瑚草20g、乾的細米粉100g、香菜（或芹菜）少許

調味料 橄欖油1大匙、海鹽2小匙、粗顆粒黑胡椒粉少許

作法

1 細米粉泡水約20～30分鐘，撈起，備用；珊瑚草剪短。

2 南瓜切片，放入湯鍋中，加入橄欖油、黑胡椒粉、海鹽炒軟，加入昆布高湯、腰果、珊瑚草煮至滾，轉小火續煮約3分鐘，熄火。

3 另煮一鍋開水，將細米粉燙熟之後，撈至麵碗中。

4 將煮熟的南瓜湯以果汁機打成泥，再倒入盛有米粉的麵碗中，撒上香菜，即可享用。

甘醇暖胃 豆包養生麵線

2-3人份

點心 晚餐 午餐 早餐

材料

手工麵線100g、豆包2片、薑絲3大匙、去皮紅蘿蔔100g、去皮大頭菜100g、小朵乾香菇4朵、當歸1片、黃耆3片、紅棗6粒、昆布高湯1000cc（約4.5碗）（作法詳見P.110）

調味料 黑麻油1大匙、海鹽少許

作法

1 煎鍋加熱，倒入黑麻油、薑絲、豆包煎至金黃色，備用。

2 紅蘿蔔、大頭菜洗淨，分別切一口狀大小；乾香菇、當歸、黃耆、紅棗洗淨，備用。

3 取一湯鍋倒入昆布高湯，加入作法2和海鹽，煮開後，轉成小火續煮至材料熟軟。

4 加入作法1煮約1分鐘，即可熄火。

5 另備一鍋水煮滾，放入麵線燙熟，撈至湯碗，再加入作法3的湯和料，即可享用。

應用變化

＊麵線也可換成自己喜歡或廚房裡現有的麵條或米粉、河粉、通心粉等。

＊沒有大頭菜時，可用冬瓜、瓠瓜、南瓜、青木瓜、大黃瓜等代替。

繽紛鮮蔬
乾拌鮮蔬河粉

2人份

早餐 午餐 晚餐 點心

材料

河粉500g、紅蘿蔔絲20g、高麗菜絲20g、小黃瓜絲20g、香菜少許

調味料

素油蔥2小匙（作法詳見P.100）、醬油膏1/2大匙、醬油1小匙、烏醋1大匙、黑芝麻粉1大匙、白胡椒粉1/4小匙、香椿黑芝麻醬適量（作法詳見P.102，選擇性使用）

作法

1 河粉切1公分的寬條狀，放入沸水中燙軟，再撈至湯碗。

2 加入香菜、調味料略拌勻。

3 再放入紅蘿蔔絲、高麗菜絲、小黃瓜絲拌勻，即可食用。

應用變化 ＊蔬菜絲亦可選用芽菜類或其他食材，例如：紫高麗菜、蘿蔓A菜、白蘿蔔、大黃瓜、青木瓜等。

減油料理

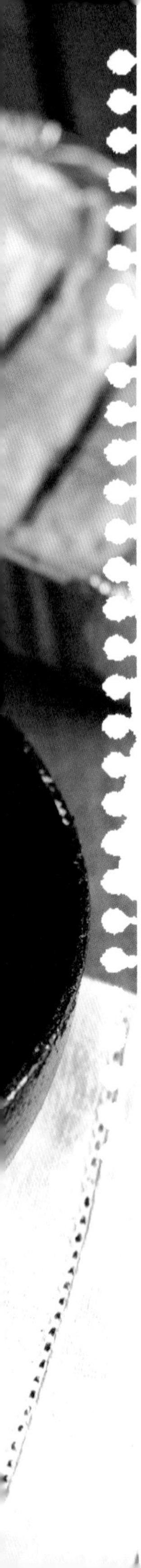

阿嬤手路菜

豆皮高麗菜捲

10人份

早餐 午餐 晚餐 點心

幾年前，曾經在一個阿嬤的素食麵攤吃到這個菜捲，感覺好感動，實在是太有媽媽的味道了，後來那個阿嬤退休，美味不復見，只好自己動手做來吃。我會在節日或聚餐前做個四十捲左右，放入保鮮盒冷凍起來，要吃的前一天拿到冷藏室退冰，出菜之前取出用香油煎一下，很快就可以香噴噴地端上桌了。年紀愈大愈懷念小時候媽媽做的素食手路菜，滿滿的幸福滋味，想著、想著肚子就餓起來了……。

材料

香菜末1/2碗、紅蘿蔔絲1/2碗、切碎的高麗菜600g、泡開的珊瑚草20g、芹菜末1/2碗、12公分見方豆皮20張、麵粉3大匙、水6大匙

調味料

香油3大匙、海鹽1小匙、白胡椒粉1/2小匙

作法

1 炒鍋放入香菜、香油炒至乾酥，續加入紅蘿蔔絲略炒過，接著再放入高麗菜、珊瑚草、海鹽，以中火炒至湯汁收乾，熄火。

2 再加入芹菜末、白胡椒粉拌勻，即成「餡料」。

3 取一張豆皮攤在托盤上（或工作檯上面），整張塗上一層薄薄的麵糊（麵粉＋水調勻），再取餡料30g鋪在豆皮的一角。

4 然後以對角向中央捲至一半，再將左右兩側向內摺，再繼續向對角捲至最後（如包春捲狀），即成「豆皮高麗菜捲」，依此動作全部做完。

5 另取少許香油放入平底鍋，再將豆皮高麗菜捲排列於鍋內，以中小火煎至兩面金黃，即可享用。

鮮香暢快 越南鮮蔬生菜捲

幾年前有位越南朋友教了我們這道生菜捲的作法之後，每遇到賓客、朋友來訪時，我們家必定會準備這一道美味的輕食料理，而且每次都會預備多一點材料和醬汁，讓大家的肚子裝不下時，還能帶回家繼續享用，極推薦給無肉不歡的朋友暢快大吃。

6 人份

早餐 午餐 晚餐 點心

材料

A 高麗菜絲400g、紫高麗絲50g、有機綠豆芽50g、紅蘿蔔絲50g、香菜30g、九層塔30g、魚腥草及薄荷（依個人口味）適量

B 香椿素秋刀魚（作法詳見P.145）6片、越南米皮12張、冷開水1盤

調味料 越南生菜醬（作法詳見P.104）適量

作法

1 將材料A分別洗淨，放入容器中拌勻，備用。

2 香椿素秋刀魚以少許油煎至金黃酥脆狀之後，切成條狀，備用。

3 取一個有一點深度的平盤（直徑約20公分）裝冷開水。

4 每人備一個平盤，將越南米皮兩面過一下冷開水，放在平盤中，再鋪入作法1和作法2，然後像包春捲一樣將米皮捲起來，沾越南生菜醬享用。

應用變化 ＊蔬菜可使用當季、當地盛產的食材替換變化，而香草也可以只用一種，請挑選自己比較方便或喜歡的種類。

採買需知 ＊越南米皮可至越南雜貨店購買。

減油料理

焦香誘人 超人氣碳烤風味鮮蔬

這道料理最大的特色是不須碳烤，卻有碳烤的風味，是一道手續簡單，三兩下就能端上桌的超人氣串燒料理，聚會時人手一支，無限快意！

6人份

點心 晚餐 午餐 早餐

材料

小豆乾12塊、小番茄12顆、玉米1支、小黃瓜1條、熟芝麻（黑白芝麻都可以）3大匙、竹籤12支

調味料

葡萄籽油適量、神奇燒烤醬（作法詳見P.97）適量

作法

1 全部材料洗淨，分別切成一口的塊狀。

2 取一個煎鍋，倒少許的葡萄籽油加熱，放入杏鮑菇、小豆乾、玉米，以大火煎至金黃色。

3 加入神奇燒烤醬翻炒至收乾醬汁，熄火，撒入熟芝麻輕輕拌一拌。

4 竹籤洗淨擦乾，再串上杏鮑菇、小豆乾、小番茄、玉米、小黃瓜，依序全部完成，排入盤中，即可享用。

應用變化

＊適合煎烤的食材種類有很多，例如：豆製品（油豆腐、豆包、豆腸、麵腸）、根莖類（芋頭、山藥、地瓜、馬鈴薯、紅蘿蔔、蓮藕、筊白筍、蘆筍）、豆莢類（四季豆、碗豆、荷蘭豆）、果瓜類（青椒、彩椒、絲瓜、櫛瓜、大黃瓜、南瓜、番茄、黃秋葵、茄子）、菇類（新鮮香菇、蘑菇、杏鮑菇、鮑魚菇）等。

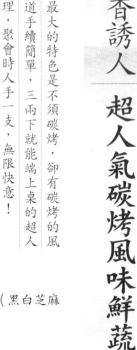

排鈉降壓 高纖粉蒸芋菇

芋頭是台中大甲特產的美食之一，搭配粉蒸調味料即能展現香馥濃郁的風味，讓肉食者也讚不絕口，這道料理作法簡單又經濟，是從肉食邁入蔬食階段的美味跳板。

材料 去皮芋頭200g、杏鮑菇200g、蒸肉粉120g、香菜少許

調味料 香椿嫩芽醬2大匙、紅麴2大匙、黃砂糖1大匙、香油1大匙、水1大匙、白胡椒粉少許、五香粉少許

作法

1 芋頭、杏鮑菇各切2公分的丁狀，放入容器中，加入全部調味料拌勻，醃約30分鐘。

2 加入蒸肉粉拌勻，再排入蒸碗，移到電鍋中（外鍋加入一碗水），蒸至熟。

3 戴上隔熱手套，取出，倒扣於平盤中，再撒上香菜，即可食用。

烹調技巧 ＊每家製作的紅麴鹹度不一，有些味道較鹹，也有比較不鹹的，如果是使用味道比較不鹹的紅麴，則要酌量加海鹽調味。

4人份

● 早餐 ● 午餐 ● 晚餐 ○ 點心

味蕾飄香 芝麻牛蒡素肋排

3-4人份

○點心 ●晚餐 ●午餐 ●早餐

材料 牛蒡350g、烤熟的白芝麻3大匙、昆布高湯2杯（400cc）（作法詳見P.110）

調味料 香油2大匙、醬油3大匙、薑泥1大匙、黃砂糖1大匙、番茄醬1大匙

作法

1 牛蒡刷洗乾淨（不用削皮），以菜刀拍裂成2～3條，再切5公分長。

2 炒鍋放入香油與牛蒡，以大火炒約30秒，再加入昆布高湯煮10分鐘。

3 加入香油以外的全部調味料，炒至湯汁快收乾時，熄火，放入白芝麻拌勻，即可盛盤享用。

香甜濃郁 無奶白醬焗南瓜甜菜根

4人份

早餐 午餐 晚餐 點心

材料 南瓜150g、紅甜菜根150g、馬鈴薯150g、腰果1小把（約20g）、麵包粉1/2碗

調味料 葡萄籽油少許、杏鮑菇無奶白醬（作法詳見P.98）1/2碗

作法

1 南瓜、紅甜菜根、馬鈴薯分別洗淨、切塊、蒸熟；烤箱預熱到250℃。

2 烤盤內側塗上薄薄一層油，放上南瓜、紅甜菜根、馬鈴薯，在上面鋪一層杏鮑菇無奶白醬，再撒上腰果、麵包粉。

3 將烤盤移入烤箱，烤約5分鐘至麵包粉呈金褐色，即可取出享用。

懷舊古味 香脆麵腸素排

6-8人份

晚餐 午餐 早餐

材料 麵腸600g

調味料

A 老薑4g、紅甜菜根40g、水80cc、蒜頭（選擇性使用）12g，全部一起打成泥

B 小茴香粉3g、咖哩粉3g、黑胡椒粉3g、白芝麻粉3g、五香粉2.5g、海鹽12g、黃砂糖15g、香油10g、醬油膏13g、烏醋8g

C 地瓜粉、葡萄籽油各適量

作法

1 調味料A和B放入大盆中調勻，即成「素排醃醬」。

2 麵腸縱切（不切到底）攤開成1大片，再左右各縱切2刀（都不切斷）。

3 將每片麵腸沾勻素排醃醬，放入冰箱冷藏醃漬一晚入味，再取出，沾滿地瓜粉。

4 煎鍋倒入適量油，將作法3兩面煎酥之後，切塊，排入盤中，即可食用。

烹調技巧 ＊有空時，可先做好，冰在冷凍庫保存，要用之前再取出放到冷藏室退冰後再沾地瓜粉煎香即可。

應用變化 ＊可作為便當主菜，或做蔬食排骨麵。

下飯良伴
塘塘招牌素香腸

6
人份

點心 晚餐 午餐 早餐

材料

麵腸330g、洋地瓜（豆薯）100g、麵粉25g、地瓜粉40g、豆腐皮（22×22公分）6張、蒜頭10g（選擇性使用）

調味料

黃砂糖1大匙、香油1大匙、醬油膏1小匙、紅麴3大匙、香椿嫩芽醬2大匙、五香粉3/4小匙、白胡椒粉3/4小匙、肉桂粉1/4小匙

作法

1 麵腸、洋地瓜各切成薯條狀，與全部調味料拌勻，再放入麵粉、地瓜粉拌勻。

2 將豆腐皮鋪在工作台，再把作法1鋪1/6在上面，捲起成長條狀，依序全部完成，蒸20分鐘即可（總共可製作6條）。

3 享用時，用少許油，以小火煎過，再切片食用。

應用變化 ✻沒有洋地瓜時，也可以替換成杏鮑菇。

無油料理

清涼順口 濃郁杏仁花生豆腐

10 人份

早餐 午餐 晚餐 點心

材料 曬乾去殼的花生150g、泰國香米60g、杏仁片（南杏）20g、地瓜粉55g、水1000cc

調味料 醬油膏或素蠔油適量

作法

1 花生、香米、杏仁片洗淨，泡水一個晚上，瀝乾水分，再加水1000cc打成漿之後，以紗布過濾去渣。

2 倒進厚底湯鍋中，加入地瓜粉攪拌均勻，開中火（邊煮、邊攪拌）煮至滾，轉小火再續煮3分鐘（煮到透）。

3 倒入容器中，待涼，移入冰箱，享用時倒扣於盤中，淋上醬油膏，即可。

烹調技巧 ＊地瓜粉要先攪拌均勻之後才能開火，否則成品會有顆粒狀粉粒在裡面。

應用變化 ＊沒有泰國香米的話，用在來米也可以。

味濃醇郁
焗味噌蒟蒻花片

無油料理

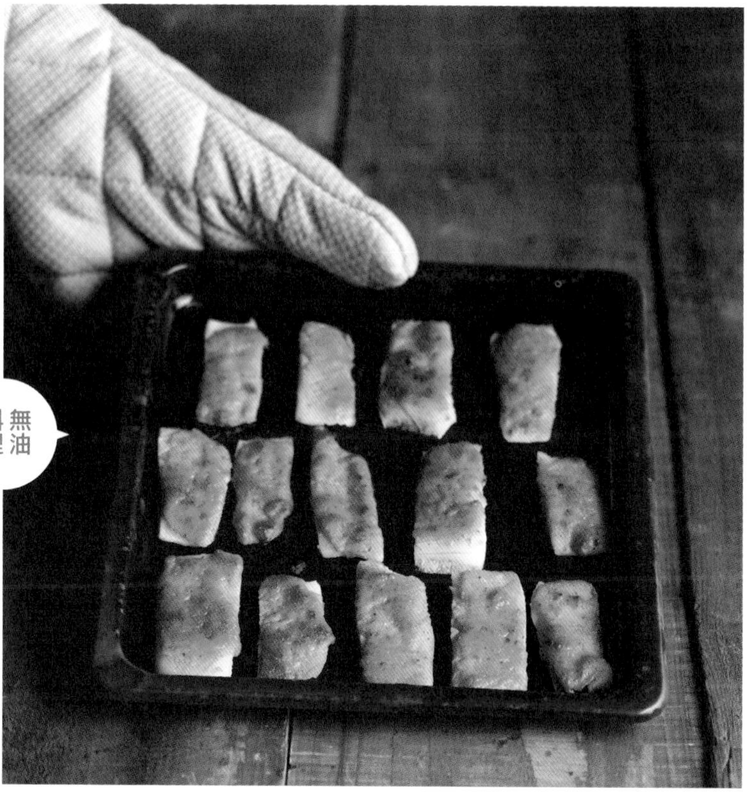

3-4人份

點心 晚餐 午餐 早餐

材料 塊狀蒟蒻300g

調味料 細味噌100g、白芝麻粉1大匙、黃砂糖1大匙、柳丁汁3大匙、七味辣椒粉1/4小匙

作法

1 蒟蒻切1公分厚度，再淺刀切交叉的刀紋（類似刻魷魚花紋），然後加多一些水煮開，滾約5分鐘後，撈起，瀝乾水分。

2 烤箱預熱至200℃。將調味料全部一起調勻。

3 以乾鍋將蒟蒻煎乾水分後，在蒟蒻朝上一面塗上調味料，排入烤盤（烤盤要墊烤盤紙，才不會沾黏）。

4 將蒟蒻移入烤箱烤至金褐色，即可取出食用。

減油料理

溫潤甜香
白醬焗花椰通心粉

2人份

早餐 午餐 晚餐 點心

材料 綠花椰菜150g、通心粉60g、杏鮑菇30g、新鮮香菇30g、口袋麵包1/2個

調味料 杏鮑菇無奶白醬（作法詳見P.98）適量、橄欖油少許

作法

1 湯鍋加水煮開之後，放入通心粉煮至八分熟時，再加入花椰菜一起煮至全熟，撈起，瀝掉水分。

2 杏鮑菇剝成約薯條大小；新鮮香菇切1公分丁狀；口袋麵包剝成小片。烤箱預熱至190℃。

3 取一個烤盤，內層抹上少許油，再依序舖入花椰菜、通心粉、杏鮑菇、新鮮香菇、杏鮑菇無奶白醬、口袋麵包（粗面朝上），最上面淋上少許橄欖油。

4 將烤盤移入烤箱烤約8～10分鐘，至口袋麵包呈金褐色，取出，即可食用。

採買需知 ＊口袋麵包可在有機食品店買到，若無口袋麵包，也可用吐司代替。

入口滿足 照燒素干貝

2-3 人份

早餐 午餐 晚餐 點心

這是一道簡單、美味又便宜的高級料理，尤其在宴客時或年節慶典時端上桌極有面子。杏鮑菇的口感和鮮甜令人大大地滿足，真的像極了沒有魚腥味的干貝，口齒留香、回味無窮。

材料

大型杏鮑菇2支（約250～300g）、烤熟白芝麻1大匙、七味辣椒粉少許

調味料

葡萄籽油1大匙、醬油2大匙、黃砂糖2大匙

作法

1. 將大型的杏鮑菇橫切圓厚片（2公分），表面以淺刀紋劃約0.3公分深的網狀。醬油、黃砂糖拌勻至溶解，即成「醬汁」。
2. 平底鍋倒入葡萄籽油，放入杏鮑菇，蓋上鍋蓋，以中大火煎至兩面呈金黃色。
3. 倒入醬汁，以小火煎煮至兩面均勻，待醬汁快收乾，即可盛盤，撒上白芝麻和七味辣椒粉，即可享用。

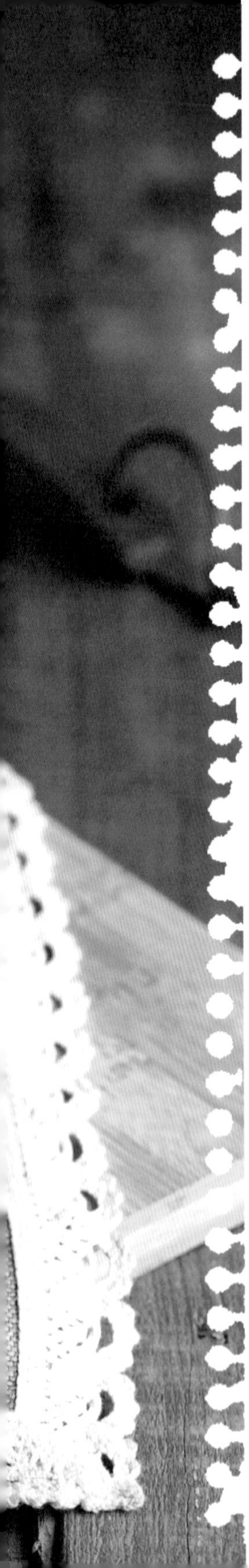

滋養好味 健康蔬食佛跳牆

10人份

早餐 午餐 晚餐 點心

材料

去皮芋頭200g、大白菜1棵（約1.5斤）、小型杏鮑菇200g、紅棗5顆、腰果30g、小朵乾香菇20朵、小紅蘿蔔50g、泡開的珊瑚草30g、昆布高湯500cc（作法詳見P.110）

調味料

香椿嫩芽醬1.5大匙、海鹽1.5大匙、健康沙茶醬（作法詳見P.96）適量

作法

1 芋頭切塊；大白菜洗淨，切塊，用昆布高湯燙熟，瀝出湯（湯留下備用）。

2 小香菇泡開，洗淨；小紅蘿蔔切圓薄片；珊瑚草切1公分。

3 取一個大型燉湯碗，依序先鋪入芋頭、一半的大白菜、小杏鮑菇、香椿嫩芽醬、海鹽、另一半的大白菜。

4 然後將紅棗、腰果、小香菇、小紅蘿蔔、珊瑚草一圈圈地排好，最後加進燙大白菜的昆布高湯（湯汁要蓋過食材）。

5 移入蒸鍋，蒸約40分鐘，取出，搭配健康沙茶醬，即可食用。

減油料理

除濕健脾 皇帝豆冬筍酸菜湯

無油料理

4-5人份

早餐 午餐 晚餐 點心

材料
酸菜乾30g、冬筍100g、麵腸1條（約80g）、皇帝豆130g、腰果30g、玉米筍120g、薑絲2大匙、昆布高湯1300cc（作法詳見P.110）、芹菜末3大匙（選擇性使用）

調味料 海鹽適量、白胡椒粉少許

作法
1. 酸菜乾泡水20分鐘，洗淨，撈起，隨意切小塊；冬筍切片；麵腸切約1/2公分厚的圓片，玉米筍從中間斜切成2段。
2. 芹菜末以外的材料全數放入湯鍋，以大火煮沸，轉成小火續煮20分鐘。
3. 嚐嚐味道，若不夠鹹，再加入適量的海鹽，撒入芹菜末、白胡椒粉，即可享用。

應用變化
＊沒有酸菜乾的話，可以換成酸菜或榨菜。
＊冬筍和皇帝豆是季節性食材，若沒有冬筍，可用其他筍子替代，皇帝豆也可以毛豆、杏鮑菇、蘑菇等代替。

增強免疫
五色養生苦瓜湯

4-5
人份

早餐 午餐 晚餐

材料

苦瓜1/4條（約100g）、乾香菇1朵、紅蘿蔔40g、核桃30g、玉米1支、昆布高湯1200cc（作法詳見P.110）、香菜1大匙、芹菜末1大匙

調味料 海鹽2.5小匙

作法

1 苦瓜留籽，乾香菇泡開，與紅蘿蔔皆切成約2～3公分的塊狀。玉米切厚圓片。

2 切好的材料與昆布高湯、海鹽全部放入湯鍋，以大煮滾後，轉成小火，續煮約20分鐘至苦瓜和紅蘿蔔熟軟，即可熄火。

3 盛碗之前，再撒入香菜和芹菜，即可食用。

無油料理

溫胃消食 溫補蘿蔔湯

無油料理

4-5人份

早餐 午餐 晚餐

材料

A 素肉塊10塊、五香粉1小匙、水2000cc

B 白蘿蔔250g、紅蘿蔔30g、小朵乾香菇4朵、紅棗4顆、昆布高湯1200cc（作法詳見P.110）、老薑3片、玉米1/2支、當歸1片、川芎2片、枸杞1大匙

調味料 海鹽2.5小匙

作法

1 材料A全部放入鍋內煮沸，即熄火，蓋住鍋蓋燜約2小時，擠乾水分，再清洗二次，擠乾水分，備用。

2 白蘿蔔、紅蘿蔔洗淨，切一口狀（約2～3公分丁）；香菇、紅棗洗淨，泡水10分鐘；玉米切塊。

3 將作法1和其他所有材料、海鹽放入湯鍋中，以大火煮沸，轉小火煮至蘿蔔熟軟，即可食用。

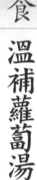

和胃健脾

四季番茄馬鈴薯湯

4 人份

早餐 午餐 晚餐 點心

材料

番茄200g、去皮馬鈴薯100g、四季豆100g、紅辣椒1支、腰果1/2碗、薑切碎2大匙、昆布高湯800cc（作法詳見P.110）

調味料 海鹽2小匙、香椿嫩芽醬1大匙

作法

1 番茄、馬鈴薯各切丁狀（約2公分）；四季豆、紅辣椒切小段。

2 取2公升湯鍋，放入全部的材料、海鹽，以大火煮沸，轉小火續煮約10分鐘後，熄火。

3 加入香椿嫩芽醬，即可享用。

應用變化 ❊此道湯品可作為番茄麵的湯底，若沒有四季豆時，其他豆子也可以用，例如：菜豆、荷蘭豆、毛豆等。

採買須知 ❊香椿嫩芽醬可在有機健康食品店購買。

減油料理

低脂營養
糙米豆包昆布湯

4-5人份

○點心 ●晚餐 ●午餐 ●早餐

材料

糙米3大匙、薑末1大匙、豆芽（黃或綠豆芽皆可）200g、豆包1片、昆布高湯1000cc（作法詳見P.110）、芹菜末1大匙、香菜末1大匙（選擇性使用）

調味料

海鹽2小匙、白芝麻粉1大匙、胡椒粉少許

作法

1 豆包切1公分寬的直條狀。

2 糙米、薑末放入鍋內乾炒，待炒香之後，再加入豆芽、豆包、昆布高湯、海鹽，煮開後，轉成小火續煮約3分鐘，熄火。

3 加入芹菜、香菜末、白芝麻粉、胡椒粉，即可享用。

無油料理

清熱除躁 西洋菜味噌湯

4 人份

早餐 午餐 晚餐 點心

材料

西洋菜100g、去皮馬鈴薯100g、腰果50g、昆布高湯1000cc（作法詳見P.110）

調味料 味噌約3大匙

作法

1 西洋菜洗淨，切段；馬鈴薯，切塊。

2 將昆布高湯、馬鈴薯、腰果放入湯鍋煮熟。

3 味噌放入碗中，加一些作法2的湯調散，再倒入湯鍋煮沸，放入西洋菜煮熟，即可享用。

烹調技巧

✻西洋菜的纖維韌度比較高，如果要煮給長者食用，可以切得更細小，以方便入口。

✻不同廠牌的味噌，鹹味會有差異，使用時要先嚐嚐味道，酌量調整。

無油料理

湯鮮料豐
豆包菇素雞蓉湯

3-4
人份

晚餐 午餐 早餐

材料 鮑魚菇100g、杏鮑菇100g、豆包50g、玉米粒100g、昆布高湯1000cc（作法詳見P.110）、地瓜粉3大匙、水3大匙、香菜適量

調味料 橄欖油2小匙、海鹽2小匙、白胡椒粉少許

作法

1 鮑魚菇、杏鮑菇用手拔成絲（約筷子粗細）；豆包也切成一樣的絲狀。

2 取一湯鍋放入橄欖油、鮑魚菇、杏鮑菇煎至金黃，再加入豆包、玉米粒、昆布高湯、海鹽煮開，轉小火續煮5分鐘。

3 地瓜粉和水調勻，慢慢倒入湯裡面（邊加、邊攪動）至濃稠狀，熄火。

4 加入香菜、白胡椒粉拌勻，即可享用。

香郁濃醇
無奶白醬濃湯

5-6
人份

早餐 午餐 晚餐 點心

材料 昆布高湯800cc（作法詳見P.110）、杏鮑菇20g、新鮮香菇20g、玉米粒1碗、口袋麵包2個

調味料 杏鮑菇無奶白醬（作法詳見P.98）3杯（600cc）

作法

1 口袋麵包退冰後，由外緣剪開成兩個圓片，將內側粗粗的那一面朝上鋪在烤盤，以190℃烤約8～10分鐘至金黃酥脆，再折成小塊。

2 將口袋麵包以外的材料與調味料全部放入湯鍋中，以中火煮開後，再以小火煮約1分鐘，即可熄火。

3 享用時，將濃湯盛碗中，放入一些脆脆的口袋麵包在上面（或將口袋麵包烤熱，以濃湯沾食）。

應用變化 ＊如果沒有口袋麵包，也可以用吐司代替。

採買需知 ＊口袋麵包可在有機健康食品店購買。

家常美味 蔬食餛飩湯

1人份

早餐　午餐　晚餐　點心

材料

昆布高湯400cc（作法詳見P.110）、餛飩8顆、綠豆芽少許、香菜少許、芹菜少許

調味料

海鹽3/4小匙、白胡椒粉少許、烏醋少許、醬油少許、香油少許

作法

1 綠豆芽、香菜、芹菜和全部調味料放入湯碗中。

2 昆布高湯煮開，投入餛飩煮滾20～30秒，浮起後，熄火。

3 將煮熟的餛飩與昆布高湯，倒進作法1的湯碗中，即可享用。

超簡單美味餛飩

材料

餛飩皮1/2斤（約95片）、板豆腐150g、紅蘿蔔50g、鮑魚菇100g、金針菇100g

調味料

香椿嫩芽醬1小匙、海鹽1/2小匙

作法

1 板豆腐用手掐碎，倒掉水分，放入炒鍋中乾炒至無水分（略黏鍋）即可熄火盛起，備用。

2 紅蘿蔔磨成泥；鮑魚菇切成約花生米粒大小；金針菇切1/2公分小段。

3 將作法1和作法2加入全部調味料拌勻，即成「餛飩餡料」。

4 取一張餛飩皮，在中央放入適量餡料，隨意將皮對折，從靠近餡料的地方捏合即可。

應用變化　＊豆腐也可以換成豆包。

採買需知　＊香椿嫩芽醬可在有機健康食品店購買。

保存方式　＊包好的餛飩可冷凍保存，隨時享用。

強身健體

補血甜菜根葡萄汁

2 人份

點心 晚餐 午餐 早餐

材料

葡萄250g、甜菜根30g、金桔1顆（或金棗1顆，或檸檬連皮1小片）、冷開水350cc

作法

1 葡萄洗淨；甜菜根、金桔（去籽）切小塊。

2 全部材料與冷開水一起放入果汁機攪打均匀，過濾去渣，即可飲用。

應用變化 ✻果汁打得夠細的話，可不濾渣，直接飲用。

盛夏清涼飲
驚奇消脂果汁

2-3人份

早餐 午餐 晚餐 點心

材料

鳳梨果肉400g、薑30g（老薑或嫩薑皆可）、檸檬連皮1/4顆、冷開水500cc

作法

1 薑、鳳梨果肉、檸檬，分別切成小塊。

2 將全部材料放入果汁機，攪打至綿細之後，過濾去渣，即可飲用。

烹調技巧　＊薑可隨個人喜好增減。

應用變化　＊隨喜好，亦可冰涼飲用。

暖身保肝
大地黃金祛寒茶

2
人份

點心 晚餐 午餐 早餐

材料

新鮮薑黃60g、橘子1顆（約100～150g）、金桔果醬2小匙（作法詳見P.90）、水500cc

作法

1 薑黃用刷子刷洗乾淨；橘子洗淨，連皮切成4塊。

2 薑黃切薄片，放入湯鍋中，加入水煮滾，轉小火續煮約3分鐘，即成「薑黃茶」。

3 取兩個杯子（約400～500cc），各取橘子2塊擠成汁後，連橘子渣一起放入杯中，再加入金桔果醬，沖入薑黃茶，即可飲用。

應用變化 ＊橘子可以用柳丁或香吉士取代。

高鈣補腎 黑米紅棗珊瑚草養生飲

10人份

早餐 午餐 晚餐 點心

材料

A 泡開的珊瑚草50g、紅棗50g、黑米30g、人參鬚3小支、桂皮1小片（3g）、老薑1塊、水2500cc

B 黑糖150g、枸杞30g、當歸1小片（3g）、川芎1小片（3g）

作法

1 珊瑚草、紅棗、黑米洗淨，浸泡冷水約2小時，再瀝乾水分。珊瑚草剪成小段；紅棗切對半；老薑拍裂。

2 將作法1與參鬚（剪短）、桂皮放入湯鍋中，倒入水，以大火煮滾，再以小火燜煮30分鐘。

3 加入黑糖、枸杞、當歸、川芎續煮5分鐘，即可飲用。

老少咸宜 穀物堅果健康飲

4 人份

早餐 午餐 晚餐 點心

材料
五穀米飯130g、無糖豆漿1000cc、泡開的珊瑚草5g、腰果20g、松子10g

調味料 黑糖適量（依個人口味）

作法
1 將全部材料放入果汁機，快速攪打至綿細。
2 倒入厚底的小湯鍋，以中小火煮滾（邊煮、邊攪拌），即可飲用。

保健腸胃
香蕉堅果五穀奶昔

2-3人份

早餐 午餐 晚餐 點心

材料

熟透中型香蕉1根、無糖豆漿600cc、腰果20g、煮熟的糙米飯（或五穀米飯）1/3碗、檸檬汁1大匙

作法

1 香蕉洗淨，去皮，切塊。

2 香蕉、無糖豆漿、腰果、煮熟的糙米飯、檸檬汁，放入果汁機攪打約15秒，倒入杯中，即可飲用。

滋養補鈣
黑芝麻黑豆漿

5 人份

早餐　午餐　晚餐　點心

有一天，我在廚房裡發現了這三樣好食材，隨手就拿來用（如果家裡有黃豆和白芝麻，也可以就地取材，不需要再另外買）。

廚房裡的食材最好不要放太久，用完再買新鮮的，比較經濟、健康。很多人喜歡買一大堆東西，把冰箱和廚房都塞滿，也不知道是購物慾作祟，還是有物質缺乏恐懼症，連我家也有這種情形，因為早乙女老師愛煮又愛買，所以我每次進入廚房，就會忍不住碎碎念，還故意逗他說是不是賣東西的小姐很漂亮，要不然怎麼會買這麼多，然後他就會很高興我在吃醋，真是可愛！

材料　黑芝麻50g、黑豆100g、乾珊瑚草5g、水1500cc

調味料　黑糖適量（依個人喜好）

作法

1. 珊瑚草、黑豆洗淨，一起浸泡冷水一個晚上，瀝掉水分。
2. 黑豆、珊瑚草加水500cc，以電鍋（外鍋水1杯）蒸熟。
3. 黑芝麻洗淨，瀝乾水分，放入烤箱烤熟（或炒熟），備用。
4. 將黑豆、黑芝麻、珊瑚草放入果汁機，加水1000cc攪打至綿細之後，倒進湯鍋煮滾（邊煮、邊攪動，以防鍋底焦掉），即成。

預防癌變 黑糖養生糙米漿

2-3人份

早餐 午餐 晚餐 點心

有一次炒花生炒過焦，捨不得丟棄，便先收入冰箱，後來，有一天做早餐時，突然靈光乍現，想到冰箱裡的半焦花生，便加些剩飯一起打一打，口感和風味竟然與早餐店賣的米漿一模一樣。自己做米漿，安心又超好喝，還有滿滿的成就感！

材料

煮熟的糙米飯1碗（200g）、已去膜熟花生（炒至金褐色）50g、黃豆粉1大匙、水800cc

調味料

黑糖適量

作法

1 將糙米飯、熟花生、黃豆粉、水600cc放進果汁機攪打至綿細，倒入1.5公升的湯鍋裡。

2 再將剩下的水200cc倒入果汁機攪打一下清洗果汁機。

3 將作法2也倒入湯鍋，開中小火（邊煮、邊攪動）煮滾，熄火，裝入杯中，加入適量黑糖拌勻，即成。

烹調技巧

✻如果是黃豆糙米飯或五穀飯等，可不必再加黃豆粉。

✻花生必須炒至金褐色，才會有濃濃的香味。

益智強身
補氣蔘棗茶

1人份

早餐 午餐 晚餐 點心

我的妹妹看我老是忙東忙西、整天幹活，想要幫忙，卻力不從心。有一天，她忽然想起一個補氣的配方，剛好家裡有現成的材料，於是就泡來喝，果然喝了後，體力大增，我看她怎麼突然間體力變好，一問之下，才知道竟有這麼好的東西，我試喝了一口，還真是好喝！於是這道可口的補氣茶飲就變成了我們家受歡迎的解渴飲料之一，我也因此增添了幾成功力，工作也愈做愈有勁！

材料

花旗蔘1小段（約小指頭長）、紅棗5粒、蜜棗1粒、帶殼龍眼乾5粒、黃耆10片、枸杞2大匙、當歸頭少許、川芎少許、熟地少許（約5元硬幣大小）、熱開水500cc、水500cc

作法

1 將全部材料用清水洗淨；龍眼乾殼以刀背敲裂（籽不要敲破）。

2 將全部材料放入保溫杯（或小熱水瓶），再把熱開水沖入杯中，蓋上蓋子，悶約30分鐘，即可飲用。

3 喝完之後，將材料（藥渣）倒入小鍋（或小茶壺）中，另加入500cc的冷水煮開之後，轉小火續滾3分鐘，即可熄火飲用。

無咖啡因 明目咖啡

2 人份

早餐 午餐 晚餐 點心

早乙女老師從年輕開始就是咖啡癮很大的人，每天從早喝到晚，不可一日無咖啡，後來又因為愛吃，暴飲暴食的結果讓他得了胃潰瘍，才漸漸節制咖啡與飲食，不過卻無法節制到令人滿意的程度，因此我只好使出各種增進健康的法寶，譬如健康料理與無咖啡因咖啡。其實這道飲料與真實的咖啡味道相似度還蠻高的，連早乙女老師都讚不絕口！

材料

熟決明子3大匙、杜仲1片（約2g）、炒香的糙米1大匙、水500cc

作法

1 決明子、杜仲用清水洗淨；杜仲用手剝成小片狀（較容易釋放養分）。

2 將全部材料放入小湯鍋中，加入水煮沸之後，轉成小火續燜煮5分鐘，即可飲用。

烹調技巧　※炒香糙米的作法：將有機糙米放入乾鍋，以中火炒至金褐色；若使用一般糙米，要先用水清洗5～6次，瀝乾水分後馬上放入乾鍋，以大火炒至金褐色。

採買需知　※決明子和杜仲可以在一般的中藥行購買。

安心零食
無油健康爆米花

6 人份

點心　晚餐　午餐　早餐

年輕時，看電影必買爆米花，邊看電影、邊吃爆米花感覺特別滿足、快樂。後來，在家看電影，也想到爆米花，便自己動手做減油爆米花，感覺吃起來安心多了。近來，再進一步挑戰無油爆米花，沒想到爆出來的效果更好、更成功，但是要拌調味料，吃起來才會很滿足。無油爆米花真的簡單好做，保證一次就能上手！

材料　玉米粒（爆米花用的）150g

調味料

A 鹹口味：茴香粉、海鹽（以1：2比例調勻）

B 甜口味：多用途冬瓜果醬（作法詳見P.92）、肉桂粉；補血甜菜根果醬（作法詳見P.93）

作法

1 取5公升容量的厚底湯鍋洗淨，擦乾。

2 放入玉米粒，蓋上密閉的鍋蓋，開中大火，搖晃鍋子（鍋蓋全程蓋住不可以打開，玉米才不會彈跳出來）。

3 當玉米粒開始爆裂時，要繼續搖動鍋子，直到爆裂聲減少至零星快消失時，即可熄火，等約10秒之後，再掀開蓋子。

4 要吃鹹味的就撒調味料A，喜歡甜味的就加入調味料B的果醬拌勻，即可快樂享用。

烹調技巧　＊爆米花要趁熱攪拌調味料，才會均勻好吃。

應用變化　＊冬瓜果醬也可以用楓糖漿替代。

無油料理

原味美食 黑米紅豆南瓜湯圓

8-10 人份

點心 晚餐 午餐 早餐

材料 紅豆200g、黑糯米70g、橘黃色南瓜90g、糯米粉100g、水2000cc

調味料 黑糖200g

作法

1 紅豆、黑糯米一起洗淨，加入水2000cc，浸泡一個晚上。

2 連水一起移入電鍋蒸煮至熟（如果紅豆未熟爛，再以瓦斯爐煮至軟爛），加入黑糖調勻，即成「紅豆黑糯米湯」。

3 南瓜蒸熟，放入容器中，加入糯米粉拌勻，再搓揉成湯圓狀，以拇指和食指稍微捏扁（大小如50元硬幣，厚度大約0.5公分）。

4 將南瓜湯圓放入滾水中，煮至浮起，撈起，放入湯碗中，加入紅豆黑糯米湯，即可享用。

烹調技巧 ＊如果無法買到品質較好的糯米粉，可以將圓糯米洗淨、曬乾，再用果汁機以瞬間功能打成糯米粉來使用。

健康養生
天然簡單黑糖年糕

6 人份

點心

我以前都買糯米粉來做年糕，後來發現有些糯米粉的品質堪慮，之後又發生了一連串的食安問題，便下定決心自己磨米漿。其實，從磨漿開始做年糕一點都不麻煩，方便極了，而此道的黑糖年糕，簡單、好做又無敵美味。

材料 圓糯米2杯、水2杯、油少許

調味料 黑糖1杯

作法

1 圓糯米洗淨，瀝乾水分，另加水2杯，浸泡一個晚上（或4小時以上）。

2 將作法1與黑糖以果汁機打至綿細，即成「米漿」。

3 將作法2倒入2公升的單柄鍋，以中小火邊煮、邊攪拌至黏稠，即熄火。

4 取一個模型（直徑約15公分，深約8～10公分），擦乾水分，內層均勻塗抹一層薄薄的油，再倒入作法3。

5 將作法4放入電鍋（外鍋水1.5杯），蒸至電鍋跳起，再續燜約10分鐘，即成。

異國風味 法式素蛋吐司

這是一道從小寶貝到銀髮寶貝都喜歡的點心，軟嫩、香甜又營養，冰箱裡有什麼果醬都可以拿來搭配，簡單、方便又令人無限滿足的一道點心。

3人份

早餐 午餐 晚餐 點心

材料 厚片吐司3片

調味料

A 腰果30g、無糖豆漿200cc、香蕉1根（約100g）、玉米粉（或地瓜粉）2大匙

B 油少許、金桔果醬（或多用途冬瓜果醬、補血甜菜根果醬）適量

作法

1 將調味料A放入果汁機內打至腰果綿細，即成「素蛋汁」。

2 將作法1的素蛋汁倒入寬型平盤中，再放入吐司，兩面均勻浸潤。

3 取一個平底鍋略加熱後，倒入油，再放入已沾素蛋汁的吐司，蓋上鍋蓋，以中小火兩面煎黃。

4 將吐司放入盤中，再塗上適量的金桔果醬（或其他果醬），即可享用。

應用變化 ＊金桔果醬（作法詳見P.90）、多用途冬瓜果醬（作法詳見P.92）、補血甜菜根果醬（作法詳見P.93）。

日式甜點 地瓜蜜豆KANOKO

8人份

●點心 ○晚餐 ○午餐 ○早餐

材料

去皮地瓜150g、蜜紅豆150g、蜜花豆150g、保鮮膜（裁成12公分見方）16張

作法

1 地瓜蒸熟後，趁熱搗成綿細的泥（或以網篩刮過），再分成16等份，搓成圓球，備用。

2 將蜜紅豆與蜜花豆各分成8等份，每一等份鋪在保鮮膜上。

3 放一顆地瓜泥球在中央，然後以保鮮膜包起來（地瓜泥在中間，蜜豆裹在外面），整成圓球型，即可食用。

應用變化 ＊地瓜也可以換成南瓜、馬鈴薯泥或米飯替代。

採買需知 ＊蜜紅豆和蜜花豆可在較大的超市或烘培材料行採買，也可以用綜合蜜豆替代。

無油料理

愈嚼愈香醇 自製古早味糖果

6人份

點心

材料 有機糙米300g

調味料 黃砂糖150g、黑糖150g

作法

1 糙米洗淨，曬乾（或低溫烤乾水分），放入乾鍋，以中火炒至棕色。

2 加入全部糖拌炒至軟，軟後快速盛入托盤（平盤）。

3 趁熱壓平，等到快涼時再剝成小塊，待涼，即可食用。

保存方式 ＊成品可裝入乾淨的玻璃瓶（或盒子）密封保存，搭配茶點或咖啡，美味又好吃。

鄉野美食
鮮摘野菜南瓜餅

2 人份

點心 晚餐 午餐 早餐

材料

南瓜絲50g、豆包丁50g、松子1大匙、昭和菜細絲30g、中筋麵粉80g、水160cc、油適量

調味料 海鹽1/2小匙、油適量

作法

1 除了豆包之外的其他材料放入容器中，加入海鹽一起攪拌均勻，即成「麵糊」。

2 平底鍋加熱，倒入適量油，舀一半作法1的麵糊，再將一半的豆包丁均勻鋪在麵糊上方。

3 以中火煎至兩面成金褐色，即可起鍋，分2次煎成2片享用。

應用變化

＊松子可換成家中現成的其他堅果來使用。

＊昭和菜細絲也可使用香椿嫩芽醬、芹菜、山芹菜、九層塔、咸豐草、高麗菜、青江菜等替代。

排毒補虛
珊瑚草泡菜山藥煎餅

4-5人份

點心 晚餐 午餐 早餐

材料 乾珊瑚草10g、速成韓國泡菜100g（作法詳見P.140）、中筋麵粉1.5碗、山藥泥1/2碗、水1碗

調味料 海鹽1/2小匙、香椿嫩芽醬1大匙、香油適量

作法

1 珊瑚草洗淨，泡水2小時，再切成約1公分。

2 韓國泡菜瀝去湯汁，再切小碎塊（約指甲片的大小）。

3 將全部材料、海鹽、香椿嫩芽醬放入容器中拌勻，即成「煎餅麵糊」。

4 平底鍋加熱，倒入香油加熱，再倒入拌好的麵糊攤平，以中火將兩面煎黃，即可起鍋，盛盤食用。

爽口不膩 素鮪魚蛋餅捲

4人份

點心 晚餐 午餐 早餐

材料

河粉皮1大片（或春捲皮4片）、豆包2片、小黃瓜1條、黑芝麻粉2大匙、葡萄籽油1大匙

調味料 素鮪魚醬4大匙（作法詳見P.101）

作法

1 河粉皮切成4片；小黃瓜切成細絲。

2 河粉皮用平底鍋兩面略煎過（如果是當天做的還很軟，可不必煎）；豆包切碎，以葡萄籽油炒熟。

3 河粉皮攤開，鋪入豆包、小黃瓜，塗上素鮪魚醬，再撒上黑芝麻粉，再捲成圓柱狀直接食用（可切成小段吃，也可以不切斷，用手抓著吃）。

應用變化 ✻喜歡的話，也可以添加少許洋蔥絲。

明目補鈣 雪裡紅蔬菜盒

約20人份

早餐 午餐 晚餐 點心

材料

A 麵皮：中筋麵粉500g、熱開水375cc、香油1大匙

B 內餡：乾珊瑚草5g、乾香菇30g、冬粉2束、豆包200g、紅蘿蔔50g、油菜1.5斤（900g）

調味料

香油1大匙、海鹽20g、白胡椒粉1/2大匙、醬油1大匙、香椿嫩芽醬2大匙

作法

1. 將麵粉置盆中，加入香油、熱開水揉拌均勻，再揉成條狀，切成每塊50g，備用。
2. 珊瑚草泡水2小時，撈起，瀝乾水分，切成小段，另加水200cc，以小火煮滾5分鐘之後，熄火，待涼。
3. 乾香菇洗淨，另加水400cc泡開，擠乾水分（香菇水留用），再切成小丁爆香。
4. 冬粉用香菇水煮沸，再轉成小火續煮約1分鐘，熄火，待涼之後，切碎。
5. 油菜切碎，放入大盆內，加10g海鹽揉一揉呈脆綠色，靜置半小時，再擰掉水分，即成「雪裡紅」；豆包、紅蘿蔔分別切絲。
6. 將作法2～5的材料全部放在大盆子內，加進剩下的10g海鹽和其他調味料拌勻，即成「餡料」。
7. 將作法1的麵糰抓成每顆約50g的小麵糰，揉成圓球形，每小糰再以擀麵棍擀成圓薄皮，放適量的餡料在單半側，再把另一半側的皮折起，蓋住餡料，最後把邊緣折起少許，用手指捏一捏黏合成半圓形。
8. 放入加油、預熱好的平底煎鍋中，以中小火煎至兩面金黃色，即可食用。

烹調技巧 ＊麵皮可以用滾水燙製熟麵皮，吃的時候比較好咬斷；也可以用冷水調製生麵皮，比較有咬勁，兩種都很好吃。我們家有時用熟麵皮，有時用生麵皮，只要內餡美味就好吃。

應用變化 ＊油菜也可以用其他蔬菜來替代，例如：高麗菜、大白菜、青江菜、西洋菜、芥菜、芥蘭菜、韭菜、四季豆、菜豆、豆芽菜、白蘿蔔等。

保存方式 ＊做好之後可冷凍保存，約可保存30天。

沁香脆口 香椿豆包薯餅

自從吃了這種有加豆包和香椿的煎餅之後，對於馬鈴薯絲煎餅就沒那麼喜愛了，真是由奢入儉難喔！值得安慰的是，還好愈變愈健康。

3 人份

早餐 午餐 晚餐 點心

材料 豆包60g、去皮馬鈴薯250g、油1.5大匙

調味料 香椿嫩芽醬1大匙、海鹽少許

作法

1 豆包切碎放入容器中，加入香椿嫩芽醬拌勻。

2 馬鈴薯刨成絲。

3 平底鍋預熱後倒入油，將鍋子搖一搖，使油均勻佈滿鍋面，再將馬鈴薯絲放進鍋內，鋪成約1公分的薄片。

4 將作法1平鋪在馬鈴薯上，以中火將兩面煎成金褐色，熄火，再均勻撒入海鹽調味，即可盛盤享用。

傳統好味 脆烤養生鹹豆漿

1人份

早餐 午餐 晚餐 點心

自己動手做鹹豆漿，用烤脆的麵包代替不健康的油條，加上有機（或天然的）蘿蔔乾（或榨菜）、香菜和香郁的辣油，吃過的人都回味無窮，無不想要再來一碗！

材料 無糖豆漿300cc、蘿蔔乾切碎（或榨菜）2大匙、香菜2大匙、海苔絲少許、1/2個口袋麵包（剝成小塊烤脆）

調味料 極香辣油1/2小匙（作法詳見P.103）、醬油1小匙、檸檬汁（或醋）2小匙

作法

1 將蘿蔔乾、香菜、海苔絲、1/2個口袋麵包、全部的調味料放入湯碗中。

2 將無糖的豆漿以中火煮沸，再沖入作法1的湯碗中，即可食用。

烹調技巧 ＊先試試看蘿蔔乾（或榨菜）的鹹度，再調整鹹味與份量。

應用變化 ＊沒有口袋麵包時可以用吐司邊替代。

最新增訂

蘇富家（塘塘）&早乙女修老師

來一碗！超滿足美味料理

超簡單 美味養生粥

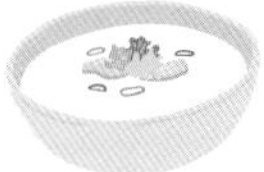

材料 秀珍菇丁1/3碗、杏鮑菇丁1/3碗、金針菇切段1/3碗、瓠瓜丁1碗、紅蘿蔔丁1/2碗、腰果1/2碗、當歸1小片、枸杞少許、香菜末少許、白飯1碗、水5碗

調味料 油1小匙、鹽1小匙、白胡椒粉1小匙

作法

1 準備一個湯鍋以中小火略加熱，放入秀珍菇丁、杏鮑菇丁、金針菇，以小火乾炒至微微金黃。

2 倒入油1小匙炒至乾香後，加入水、白飯、瓠瓜丁、紅蘿蔔丁、腰果、當歸、鹽以大火煮沸後，轉成中小火續煮約30～40分鐘（熬煮時要攪拌，避免食材黏鍋）至軟綿濃稠，即可熄火。

3 加入枸杞、白胡椒粉、香菜末拌勻，即可享用。

爽口芝麻香麻醬麵

夏季的炎熱常常會影響人們的食慾，這一盤口感清爽的芝麻涼麵，讓人一口接一口欲罷不能，讓我們的胃口大開，充滿幸福感。將麵條煮熟後，加入芝麻醬、醬油、烏醋、辣椒油等調味料，攪拌均勻即可食用。這道芝麻涼麵不僅口感清爽，你也可以依據個人口味加入一些其他的配料，例如黃瓜絲、豆芽菜等，增添口感和營養，是夏日食慾不振時的首選！作法簡單、美味且快速上桌，自製香辣油一次性做好後裝入玻璃罐（或保鮮盒）中冷藏，可保存2個月或冷凍半年慢慢地享用。

材料

麵條1人份
紅蘿蔔絲10克
小黃瓜絲10克
酸菜絲5克
綠豆芽10克
香菜少許

調味料

醬油1小匙
素蠔油1小匙
香辣油1小匙
烏醋2小匙
芝麻醬2大匙

作法

1 全部的調味料放入麵碗中，調拌均勻；綠豆芽剪除尾根，備用。
2 準備一鍋沸水，放入麵條煮至熟，再放入綠豆芽燙熟，一起撈入麵碗中，放入調味料。
3 加入紅蘿蔔絲、小黃瓜絲、酸菜絲、香菜，即可食用。

烹調技巧 ＊綠豆芽氽燙時間，不宜太久，才能保留脆脆的口感。

自製香辣油DIY

1 辣椒洗淨，曬乾，打碎，倒入稍大的碗，加入少許的花椒粉、13香粉。
2 香菜梗、芹菜梗、紅蘿蔔各切碎，放入炒鍋，再倒入食用油（食材的一倍量），以小火炸酥。
3 再慢慢倒入作法1的碗中邊倒邊攪拌，即成。

烹調技巧 ＊13香粉可到台北市迪化街的中藥行或超市購買。

濃郁 味噌拉麵

材料 麵條2人份、小生香菇4朵、秀珍菇1碗、金針菇（切段）1碗、木耳絲1/3碗、紅蘿蔔絲1/3碗、綠豆芽1/3碗、高麗菜絲1碗、海帶芽少許、芹菜末少許、水（或蔬菜高湯）4碗

調味料 油1小匙、味噌100g、白芝麻粉3大匙、醬油少許、糖少許、味霖少許、香辣油少許

作法

1 準備一鍋熱水煮沸，放入麵條煮至熟，撈起，放入麵碗中。

2 將全部的菇類放入平底鍋，以小火拌炒至略金黃，再加入少許的油繼續再拌炒幾下。

3 加入木耳絲、紅蘿蔔絲、高麗菜絲炒軟，倒入水（或蔬菜高湯）以大火煮沸。

4 將全部調味料放入容器中，舀入1碗**作法3**的湯汁拌勻，再倒回**作法3**煮沸。

5 加入綠豆芽、海帶芽、芹菜末，舀入**作法1**的麵碗中，即可享用。

烹調技巧 ＊此道使用的麵條可依個人喜愛做變化，如粗麵條、細麵條或是用其他的麵條，如：蕎麥麵、烏龍麵或米線等各種料理美食。

低脂營養 五色蔬菜鍋

材料 黃豆20克、埃及豆20克、五穀米20克、黃帝豆20克、虎豆20克、西洋芹1根、甜菜根半顆、紅蘿蔔半根、杏鮑菇1根、蕃茄1顆、青椒1顆、茄子1條

調味料 鹽適量

作法

1 黃豆、埃及豆、五穀米分別洗淨，浸泡清水一晚，再瀝乾水分。

將食材洗淨，西洋芹切塊；甜菜根去皮、切塊；紅蘿蔔去皮、切塊；蕃茄去蒂頭，切塊；青椒去籽，切塊；茄子切塊。

2 將全部的食料放入湯鍋中，加入水，但水量必須淹過食材約3公分的高度。

3 以大火煮沸之後，轉成小火燜煮約2小時至食材軟綿，即成。

4 可先嚐嚐味道，若有需要再添加鹽，即可食用。

烹調技巧 ＊煮好的成品可分裝在保鮮盒，放入冰箱的冷凍保存，隨時可方便取用，製作各種料理變化，例如：煮咖哩、義大利醬、紅燒湯等。

清蒸自製臭豆腐

材料 臭豆腐2塊、薑絲少許、酸菜絲少許、紅蘿蔔絲少許、金針菇（切段）半包、花椒粉2小匙、九層塔少許

調味料 醬油1大匙、香油（或辣油）少許

作法

1 將臭豆腐各切成4小塊，放入湯碗中，加入水（淹過臭豆腐約1～2公分）。

2 加入醬油、花椒粉、薑絲、酸菜絲，轉中火蒸約15分鐘。

3 放入金針菇再續蒸3分鐘，取出，再加入九層塔、香油（或辣油），即可食用。

自製臭豆腐滷汁DIY

1 野莧菜100g洗淨，晾乾水分，再用冷開水沖過，切段。

2 放入果汁機中，加入鹽1大匙、冷開水1000CC攪打均勻。

3 倒入3公升的玻璃罐中，蓋上蓋子，靜置約3星期，即可加入白豆干泡製1～2天，即成「臭豆腐」。

爽脆甘甜 瓠瓜水餃

材料 水餃皮2斤

餡料 去皮瓠瓜刨絲1斤、乾香菇2朵、金針菇40g、芹菜珠1/2碗、紅蘿蔔（切碎）1/2碗、豆包（切碎）1斤、糙米粉2大匙、地瓜粉2大匙

調味料 鹽2小匙、油2大匙、白胡椒粉1小匙、13香粉1小匙

作法

1 瓠瓜絲放入容器中，加入鹽1小匙拌勻；乾香菇泡水至軟，切小丁；金針菇切小段。

2 準備炒鍋，加入油燒熱，放入乾香菇、金針菇、紅蘿蔔碎炒香，盛出，待涼，備用。

3 瓠瓜絲擠掉水分，加入豆包、糙米粉、地瓜粉、鹽1小匙、油、白胡椒粉、13香粉攪拌均勻，即成水餃的餡料。

4 接著開始進行包水餃，取一張水餃皮，放入適量的餡料。

5 然後餃皮的邊緣抹少許的水，雙手虎口前後交叉，往前集中壓緊（或是往右端開始捏出皺摺），即完成一顆水餃型狀。

6 依序全部完成，放入滾水中煮約3分鐘至熟，撈起，即可食用。

軟綿綿 豆奶麵線

材料 麵線50g、金針菇少許、生香菇兩朵、紅蘿蔔2片、海帶芽少許、黑木耳絲少許、豆漿300CC

調味料 油少許、鹽少許

作法

1 麵線放入滾水中煮至熟，撈起，放入湯碗中，備用。

2 金針菇切段；生香菇切薄片；海帶芽沖淨。

3 取炒鍋加入油，放入金針菇炒酥。

4 加入生香菇、紅蘿蔔片、海帶芽、黑木耳絲及豆漿，以中火滾約1分鐘，再倒入作法1的麵線碗中，即可食用。

✻煮好之後，可試試味道，若有需要再加鹽調味。

酸甜入味 豆包泥煨番茄

材料　中型蕃茄2顆（約300g）、豆包泥（或豆包、或豆腐）200g、薑泥少許、高湯（或水）200CC、馬鈴薯半顆

調味料　鹽1小匙

作法

1. 蕃茄洗淨、切塊；馬鈴薯去皮，備用。
2. 將蕃茄放入鍋中，加入豆包泥、薑泥、高湯、鹽，以中火煮約10分鐘。
3. 馬鈴薯磨成泥再放入鍋內煮至熟，即可食用。

豆包泥DIY

1. 將濃豆漿放入冰箱冷凍3天，再取出。
2. 用棉布包起來退冰，輕輕擠壓，濾除水分（若要口感更紮實，可再冷凍幾天退冰壓出水分），即成。

清香素雅

酸菜鮮菇湯

材料 生香菇1大朵、鮑魚菇10g、酸菜10g、薑片3～4片、白芝麻粒少許、芹菜末少許、高湯（或水）500CC

調味料 白胡椒粉少許、香油少許、鹽少許

作法

1 生香菇、鮑魚菇、酸菜分別斜切成片狀。

2 高湯、薑片放入湯鍋中，以中大火煮沸。

3 加入生香菇、鮑魚菇、酸菜煮滾約1分鐘，熄火。

4 放入白芝麻粒、芹菜末、白胡椒粉、香油，即可食用。

＊因為酸菜已有鹹味，所以煮好後，可先試味道，若有需要再加鹽調味。

樂聚餐 五彩蔬菜煎

材料 南瓜、甜菜根、瓠瓜、紅龍果、絲瓜、蕃茄、茄子、辣椒各適量

調味料 橄欖油1大匙、鹽適量

作法

1 全部的材料洗淨，切厚片；茄子切長段；辣椒不用切。

2 將南瓜片、甜菜根片先鋪入平底鍋，淋入橄欖油，蓋上蓋子。

3 轉中小火煎約5分鐘，再放入瓠瓜片、紅龍果片、絲瓜片、蕃茄、茄子、辣椒，蓋上蓋子。

4 繼續以中小火煎至兩面金黃，撒上鹽（或吃食材原味），即可食用。

Family健康飲食HD5025Y

發現純素好味道【最新增訂版】

塘塘與早乙女 修夫婦傳授118道「穀物蔬食」樂活飲食

發現純素好味道【最新增訂版】/蘇富家,早乙女 修合著. -- 三版. -- 臺北市：原水文化出版：英屬蓋曼群島商家庭傳媒股份有限公司城邦分公司發行, 2024.06
面；　公分. -- (Family健康飲食；HD5025Y)
ISBN 978-626-7268-92-6(平裝)

1.CST:素食　2.CST:食譜

427.31　　113007088

作者　蘇富家・早乙女 修
選書人　林小鈴
主編　陳玉春

行銷經理　王維君
業務經理　羅越華
總編輯　林小鈴
發行人　何飛鵬

出版　原水文化
115臺北市南港區西新里003鄰昆陽街16號4樓
電話：（02）2500-7008　傳真：（02）2502-7676
網址：http://citeh2o.pixnet.net/blog　E-mail：H2O@cite.com.tw

發行　英屬蓋曼群島商家庭傳媒股份有限公司城邦分公司
115台北市南港區昆陽街16號5樓
書虫客服服務專線：02-25007718；25007719
24小時傳真專線：02-25001990；2500199
服務時間：週一至週五9:30～12:00；13:30～17:00
讀者服務信箱E-mail：service@readingclub.com.tw
劃撥帳號／19863813；戶名：書虫股份有限公司

香港發行　香港九龍土瓜灣土瓜灣道86號順聯工業大廈6樓A室
電話：852-25086231　傳真：852-25789337
電郵：hkcite@biznetvigator.com

馬新發行　城邦（馬新）出版集團
Cite (M) Sdn Bhd 41, Jalan Radin Anum,
Bandar Baru Sri Petaling, 57000 Kuala Lumpur, Malaysia.
電話：(603)90563833　傳真：(603)90576622
電郵：services@cite.my

封面・版型設計　行者創意/許丁文
內頁完稿　M^2 Studio
攝影　徐榕志（子宇影像工作室）
製版印刷　科億資訊科技有限公司
初版　2015年5月14日
二版一刷　2019年1月17日
三版一刷　2024年6月18日
定價　450元

ISBN：978-626-7268-92-6 (平裝)
ISBN：978-626-7268-94-0（EPUB）